**Riedizione dell'originale pubblicato nel giugno 1969 e revisionato nell'anno 2022. È ancora attuale per chi volesse apprendere l'elettronica moderna.**

*Sono particolarmente lieto che l'avvio a questa nostra nuova iniziativa editoriale sia dato da due giovani: Ettore Accenti, e il Mondo dei semiconduttori, perchè loro è il domani.*

*l'Editore* Bologna, giugno 1969

Copertina

DAL TRANSISTOR AI CIRCUITI INTEGRATI

ETTORE ACCENTI

# DAL TRANSISTOR AI CIRCUITI INTEGRATI

Venti anni dopo la scoperta del transistor

Disponibile edizione eBook: https://amzn.to/3njXyWm

Elenco libri dell'autore: https://amzn.to/35xVGjR


Ettore Accenti

Linkedin: Ettore Accenti

Blog: http://ettoreaccenti.blogspot.ch/

DAL TRANSISTOR AI CIRCUITI INTEGRATI
Venti anni dopo la scoperta del transistor

ISBN-13: 9798838173379
Distiworld Publishing

# COME NACQUE QUESTO LIBRO

Eva, conosciuta a Londra in un viaggio di studio, laureanda in lingue alla Bocconi, e l'autore di questo libro, laureando al Politecnico in ingegneria elettrotecnica, si frequentavano solo ogni fine settimana: gli studi non lasciavano molto tempo libero.

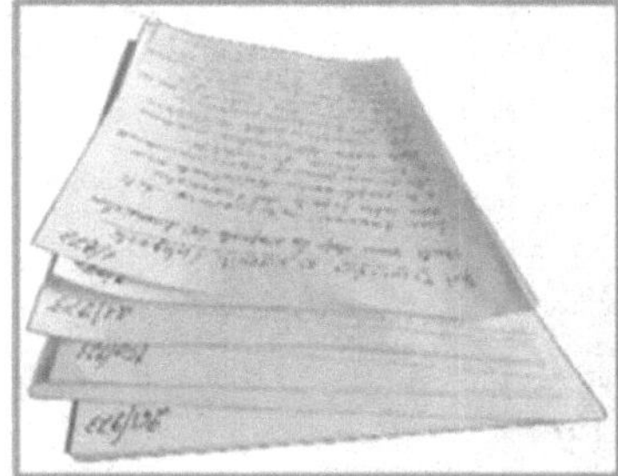

Con Lei, brava a scrivere a macchina e soprattutto amante della lingua italiana, l'autore fece un patto: "Se mi batti a macchina il manoscritto, e me lo pubblicano, divideremo le eventuali royalties a metà". In un mese, con un lavoro da vera certosina, completò l'opera più per compiacermi che per il compenso: il libro fu subito pubblicato ed ebbe particolare successo nelle scuole tecniche e tra gli hobbisti di elettronica.

Pochi anni dopo iniziava la nostra vita matrimoniale, quattro figli, dieci nipoti, oltre cinquanta libri pubblicati e da lei pazientemente corretti.

Incredibilmente questo libro è ancora attuale oggi e rappresenta la base tecnologica di tutto ciò che i giovani utilizzano, dai computer allo smartphone.

**Sommario**

**Il primo transistor a punte di contatto realizzato ai laboratori Bell nel dicembre 1947 (Electronics vol 41, n.4)**

# VENTI ANNI DOPO LA SCOPERTA DEL TRANSISTOR

Sono trascorsi solo venti anni dalla scoperta del transistore e tuttavia le implicazioni derivatene alla tecnica possono oggi considerarsi a buon diritto formidabili.

Molti importanti settori dell'industria moderna non si sarebbero potuti sviluppare fino alle gigantesche proporzioni odierne senza quel componente fondamentale.

Basti considerare le industrie delle telecomunicazioni, dei calcolatori elettronici, e di tutte quelle apparecchiature portatili che oramai da tempo hanno invaso il mondo.

L'industria spaziale non avrebbe certo raggiunto i traguardi che conosciamo se non avesse avuto a disposizione un così solido elemento amplificatore miniaturizzato.

Vediamo ora con un certo dettaglio i fatti che, sebbene piuttosto recenti, appartengono alla storia della tecnica e che sono collegati con la scoperta del transistore e con gli sviluppi che ne seguirono.

L'anno 1948 vide l'inizio di una nuova era in campo elettronico: l'era dei componenti allo stato solido.

A questo importante traguardo si è giunti per merito delle pazienti ricerche condotte negli Stati Uniti presso i Bell Telephone Laboratories, ricerche culminate con la realizzazione di un dispositivo inatteso: il transistore.

Dunque, il 1948 è l'anno a cui si fa risalire la scoperta del transistore, in quanto proprio in quell'anno ne venne data notizia attraverso pubblicazioni ufficiali.

In realtà il primo transistore operante era stato messo a punto e sperimentato già nel dicembre 1947 da John Bardeen (teorico dei laboratori Bell) e da Walter Brattain (sperimentatore dei laboratori Bell) dopo lunghi anni di ricerca nel tentativo di realizzare un amplificatore allo stato solido che potesse convenientemente sostituire il tubo a vuoto.

Che un'amplificazione dovesse essere possibile anche in dispositivi non a vuoto non era un'idea completamente nuova: infatti nel 1930 fu rilasciato un brevetto relativo a un tipo d'amplificatore il cui principio si avvicina al moderno transistore ad effetto di campo MOS, solo che allora non fu possibile ottenere in pratica un'amplificazione per l'inefficienza dei mezzi a disposizione in quei tempi e del materiale impiegato (solfuro di cadmio) che non poteva dare buoni risultati.

Nel 1938 William Shockley, insieme ad alcuni suoi collaboratori, tentò di mettere a punto un più raffinato amplificatore allo stato solido basato sull'effetto di campo: si cercò di ottenere una variazione di resistenza in un elemento solido applicando opportunamente un segnale che avrebbe dovuto dar luogo ad un'azione amplificatrice.

Anche questo esperimento fallì nella realizzazione pratica.

Nonostante i numerosi insuccessi, la volontà di realizzare un dispositivo solido praticamente utilizzabile non venne mai meno presso i laboratori Bell.

Si pensò, dopo la Seconda guerra mondiale, di utilizzare come elemento base il germanio, la cui importanza era di molto ascesa per l'avvenuta realizzazione di ottimi diodi a punta di contatto, utilizzati con successo durante l'ultimo conflitto mondiale in varie apparecchiature radar e di telecomunicazione.

Il germanio, dopo la Seconda guerra mondiale, era divenuto un elemento abbastanza conosciuto dal punto di vista teorico e ci si aspettava da esso il desiderato «effetto di campo» a un livello sufficiente da consentirne un pratico impiego. Le teorie di Bardeen prevedevano che, con una opportuna geometria, l'idea di Shockley dovesse essere realizzabile.

Ma ancora una volta gli esperimenti furono un insuccesso e, fatto molto importante, un insuccesso inspiegabile dal punto di vista delle teorie ormai messe a punto.

Agli scienziati del gruppo Bell che lavoravano intorno a queste ricerche venne perciò il sospetto dell'esistenza di fenomeni superficiali non previsti dalla teoria e alteranti completamente i risultati sperimentali.

Altri esperimenti, più o meno complessi, si susseguirono fino a che si rilevò un fenomeno fino allora sconosciuto dovuto ad una iniezione di cariche tra l'elettrodo di controllo e un elettrodo d'uscita (il collettore) su un campione sperimentale che utilizzava appunto il germanio in forma policristallina. Questo fenomeno venne subito inquadrato da Bardeen che suggerì a Brattain una struttura di probabile successo. Era il dicembre 1947.

Gli esperimenti questa volta riuscirono, e un rudimentale transistore a punte di contatto cominciò ad amplificare apprezzabilmente segnali elettrici.

La denominazione «transistor», oggi utilizzata, venne naturalmente creata dopo la scoperta del dispositivo a cui si riferisce: la sua origine si deve alla contrazione delle due parole inglesi «transfer» e «resistor», a significare che l'elemento base è una via di mezzo tra un conduttore (transfer) e un resistore (resistor).

L'annuncio della scoperta del transistore a punte di contatto dette il via a un gran numero di ricerche sullo stesso argomento e una folta schiera di tecnici e scienziati, tra i più insigni, iniziarono una vera e propria corsa al successo in questo settore.

Lo stesso Shockley enunciò nel 1949 la teoria del transistore a giunzione, realizzato praticamente due anni dopo. Anzi, proprio il transistore a giunzione di Shockley doveva conseguire uno strepitoso successo industriale negli anni seguenti, cioè quando il transistore a punte di contatto aveva rivelato tutti i suoi limiti.

Il premio Nobel per la fisica attribuito a Bardeen, Brattain e Shockley nel 1956 attesta il riconoscimento ufficiale al grande contributo dato da questi tre scienziati allo sviluppo dell'era moderna dell'elettronica.

Naturalmente la storia del transistore non è finita con questi primi lavori. Vi fu in seguito un affinamento delle tecniche volte ad ottenere elementi monocristallini di germanio prima e di silicio poi, dotati di estrema purezza: questo requisito infatti è assolutamente indispensabile per la produzione di transistori con buone prestazioni. A tale proposito va ricordata la tecnica della «purificazione per zone» («zone refining») che consentì nel 1954 l'inizio della produzione industriale di transistori a giunzione.

Prima di questa data, nel 1952, ancora lo stesso Shockley enunciava la teoria del transistore ad effetto di campo («Field Effect Transistor»: FET) e ne pubblicava alcuni dati sperimentali. Si era finalmente riusciti a realizzare quel dispositivo che ormai da decenni si era cercato inutilmente e, ironia della sorte, il dispositivo fu reso possibile proprio per le conoscenze acquisite grazie all'inatteso transistore a punte di contatto e al transistore a giunzione.

Non è certo possibile descrivere accuratamente tutti gli altri importanti eventi che hanno contribuito in modo sostanziale allo sviluppo di tutta l'elettronica dello stato solido, ci limitiamo quindi a fornire qui alcune fondamentali tappe nella storia del transistore la cui conoscenza non può essere trascurata.

**1938** - Ricerche di Shockley su un dispositivo amplificatore allo stato solido: insuccesso.

**1940** - Diodo al germanio a punta di contatto.

**1947** - dicembre - Bardeen e Brattain scoprono il primo transistore a punte di contatto.

**1948** - Scoperta ufficiale del transistore: prime pubblicazioni.

**1949** - Shockley enuncia la teoria del transistore a giunzione.

**1950** - Il brevetto per il transistore a punte di contatto viene assegnato alla Bell Telephone.

**1951** - Il primo transistore a giunzione viene realizzato praticamente.

**1952** - Shockley enuncia la teoria del transistore ad effetto di campo (FET).

**1953** - Viene realizzato il transistore a doppia base per l'impiego in alta frequenza.

**1954** - Viene messo a punto il metodo delle «zone refining» per la produzione di cristalli semiconduttori di elevata purezza.

**Ha inizio la fase industriale del transistore**

**1954** - Si realizza il primo transistore di potenza.

**1955** - Viene messo a punto il metodo di «diffusione» per la produzione di transistori con buon controllo delle caratteristiche.

**Nasce il transistore Mesa**

**1959** - Hoenri mette a punto presso la Fairchild il processo «planare»: un grande passo avanti è fatto per la produzione massiccia di pregiati dispositivi al silicio. Ha inizio la fase di maturità del transistore e di tutti i componenti derivati.

**1960** - Il processo «planare» consente la realizzazione del primo circuito integrato monolitico.

**1962** - Heimen e Hofstein della RCA descrivono un nuovo transistore ad effetto di campo: il MOS (Metal Oxide Semiconductor).

**1963** - Inizia la produzione industriale di circuiti integrati monolitici.

## *L'era dell'integrazione è aperta*

**1966** - Viene annunciata la possibilità pratica di realizzare circuiti integrati molto complessi, equivalenti a mille componenti discreti e anche oltre: ha inizio la corsa alla M.S.I. (Medium Scale Integration) ed alla L.S.I. (Large Scale Integration).

**1968** - I primi microcircuiti LSI vengono annunciati commercialmente.

# FISICA DEI DISPOSITIVI A SEMICONDUTTORE

## *Elettronica dei materiali a semiconduttore*

L'influenza assunta nella tecnologia elettronica dai dispositivi a semiconduttore deve essere fatta risalire alle caratteristiche particolari dei materiali di cui sono costituiti: appunto materiali semiconduttori.

Potrà sembrare strano, ma solo materiali semiconduttori possiedono particolari configurazioni atomiche da permettere la realizzazione e la pratica utilizzazione di una innumerevole e ormai diffusa quantità di dispositivi elettronici.

Tutti i fenomeni di questi materiali sono dovuti a un gruppo di elettroni mobili la cui azione genera quegli effetti che noi siamo soliti utilizzare nei componenti reperibili in commercio.

A coloro che non sono al corrente dei fenomeni di conduzione può sorgere la domanda di come mai solo gli elettroni mobili dei semiconduttori possono essere imbrigliati a fini pratici nei vari dispositivi amplificatori, fotoelettrici, ecc. e non, per esempio, gli elettroni mobili di un metallo.

Ebbene, solo nei semiconduttori questi elettroni si trovano nel giusto quantitativo per dar luogo a fenomeni utilizzabili.

Nei semiconduttori gli elettroni sono pochi e quindi facilmente controllabili da campi elettrici esterni; sono in quantità modificabile per via chimica e quindi permettono la realizzazione di semiconduttori con le desiderate caratteristiche di conducibilità.

Nei metalli invece gli elettroni liberi sono in quantità enormemente superiore e un campo elettrico esterno, anche se intensissimo, riesce ad alterare solo il movimento di alcuni elettroni di superficie e nessun dispositivo amplificatore può perciò essere realizzato con sostanze metalliche (almeno seguendo il concetto dei transistori).

Un altro fatto conseguente alla particolare struttura elettronica dei materiali semiconduttori si deve alla facilità (bassa energia) con cui un elettrone può essere strappato dai suoi atomi: in ciò sta la causa prima delle basse tensioni richieste dai dispositivi a semiconduttore.

Si aggiunga poi che gli elettroni mobili di un semiconduttore sono inesauribili e nei dispositivi a semiconduttore non esistono ambienti vuoti o complicate parti meccaniche e tutto questo porta alla creazione di dispositivi elettronici teoricamente eterni.

Non va dimenticato, di contro, un non meno importante fatto la cui influenza sul «carattere» dei dispositivi a semiconduttore non è trascurabile. Come detto, le basse tensioni d'alimentazione sono dovute alla bassa energia richiesta per strappare elettroni mobili dagli atomi dei materiali semiconduttori.

Ma questa energia può essere anche di origine termica; quindi, variazioni di temperatura abbastanza piccole influenzano i dispositivi realizzati con questi materiali: i semiconduttori sono perciò termicamente sensibili.

I materiali semiconduttori più usati sono, nella stragrande maggioranza, il germanio e il silicio. Ambedue questi elementi appartengono al quarto gruppo della scala chimica di Mendelèjeff e ambedue possiedono la valenza chimica 4 e cristallizzano nel sistema cubico.

Si sono creati di recente altri materiali semiconduttori unendo fra loro, e cristallizzandoli, elementi chimici del III e V gruppo o del II e VI gruppo della scala di Mendelèjeff.

Per lo più però questi materiali sono rimasti una curiosità. Solo in alcuni casi particolari i sistemi GaAs (arseniuro di gallio) e CdS (solfuro di cadmio) hanno ottenuto qualche successo in dispositivi realizzati praticamente.

I dispositivi elettronici a stato solido vengono prodotti normalmente con silicio o germanio e la tendenza attuale è di utilizzare sempre più il silicio per le sue migliori caratteristiche.

A titolo di curiosità vengono riportati alcuni tra i materiali semiconduttori oggi più studiati.

In seguito, quando parleremo di materiali semiconduttori, ci riferiremo unicamente al germanio e al silicio.

**Nome del semiconduttore (e suo simbolo)**

Germanio (Ge)
Silicio (Si)
Diamante (C)
Arseniuro di gallio (GaAs)
Fosfuro di gallio (GaP)
Solfuro di cadmio (CdS)
Seleniuro di cadmio (CdSe)
Ossido di Zinco (ZnO)

È interessante considerare le differenze sostanziali, tra i dispositivi elettronici realizzati con germanio e quelli realizzati con silicio, con riferimento al più celebre di questi dispositivi: il transistore bigiunzione.

In seguito, nelle applicazioni circuitali, queste differenze risulteranno chiare al lettore da un punto di vista applicativo; per ora limitiamoci a prenderne visione.

### *Vantaggi dei transistori al germanio*:

- I transistori al germanio presentano generalmente una più bassa tensione di saturazione (VCEsat) rispetto ai transistori al silicio. Questo è un vantaggio in quanto VCEsat rappresenta quella porzione della tensione d'alimentazione che non può essere utilizzata.
- Dove le tensioni d'alimentazione sono bassissime il germanio diventa insostituibile (apparecchi per deboli d'udito); nei convertitori e negli amplificatori d'alta potenza ciò rappresenta una caratteristica positiva.
- I transistori al germanio presentano un miglior guadagno in corrente alle bassissime temperature.
- La mobilità delle cariche elettriche libere è nel germanio circa tre volte superiore a quella del silicio. A pari geometria un transistore al germanio ha perciò una maggiore frequenza di taglio.
- Oltre certe frequenze, laddove un transistore al silicio cessa di funzionare, è ancora possibile costruire transistori al germanio con guadagno utilizzabile.

### *Vantaggi dei transistori al silicio*:

- I transistori al silicio possono operare fino a 200 °C contro i 100 °C dei transistori al germanio. Ciò significa una maggior potenza dissipabile a pari dimensioni alla temperatura ambiente e un minor rischio di distruzione per cause termiche.
- I transistori al silicio attualmente prodotti possiedono correnti di fuga da 100 a 1000 volte inferiori alle correnti di fuga dei

transistori al germanio. Ciò significa un più stabile punto di lavoro e migliori rendimenti in applicazioni a bassi livelli di corrente.

- Le moderne tecnologie planari per la produzione in massa di transistori mediante diffusioni successive si basano sulle proprietà del biossido di silicio ($SiO^2$) che si forma sulla superficie di un dischetto di monocristallo di silicio. Queste tecnologie sono perciò tipiche del silicio e non del germanio.

Le considerazioni sopra esposte giustificano chiaramente la tendenza attuale verso un maggior consumo di transistori al silicio.

I vantaggi di quest'ultimo sono infatti prevalenti nella stragrande maggioranza dei casi pratici e i transistori al germanio saranno sempre più limitati a quelle applicazioni in cui i loro vantaggi diventano peculiari.

Infine, va notato che mentre i transistori al germanio vengono prodotti prevalentemente nella polarità PNP, i transistori al silicio vengono prevalentemente prodotti nella configurazione NPN per ragioni costruttive.

## *Monocristalli semiconduttori N e P*

Abbiamo visto nel paragrafo precedente come i semiconduttori siano quei soli materiali le cui eccezionali proprietà conduttrici consentono la realizzazione di dispositivi utilizzabili in pratica.

Si è anche accennato a come queste proprietà siano da farsi risalire a due fatti fondamentali:

- le cariche elettriche mobili dette anche «libere» sono presenti in numero limitato.
- il numero delle cariche elettriche mobili è modificabile per via chimica.

Che le cariche elettriche mobili siano presenti in numero limitato ha per effetto la forte dipendenza della conducibilità del semiconduttore da campi elettrici esterni.

Che il numero di cariche elettriche mobili sia modificabile in modo sostanziale per via chimica, consente al costruttore di realizzare una vasta gamma di cristalli semiconduttori con conducibilità differenti.

Da questo punto in poi, per materiali semiconduttori intenderemo sempre «monocristalli» di Si o Ge, infatti solo sotto questa forma cristallina sono possibili tutti quei fenomeni che vedremo.

Introducendo in un monocristallo puro (detto anche intrinseco) di semiconduttore un certo numero di atomi di un elemento pentavalente (ad esempio arsenico) si aumenta di un pari numero gli elettroni liberi presenti nel cristallo semiconduttore: abbiamo così un cristallo semiconduttore con un elevato numero di elettroni mobili (caricati negativamente) e il semiconduttore così preparato si dice «a conducibilità N» o più semplicemente semiconduttore «N».

Se invece si introduce nel monocristallo di partenza un certo numero di atomi di un elemento trivalente (ad esempio indio), questi atomi, avendo un elettrone di valenza in meno del semiconduttore in cui vengono inseriti, creano, nel punto in cui l'elettrone manca, una «carenza di elettrone» o, ciò che è lo stesso, una carica elettrica positiva detta «lacuna», libera di muoversi. Un semiconduttore così preparato si dice a «conducibilità P» o più semplicemente semiconduttore «P». Gli atomi introdotti nel cristallo semiconduttore puro (intrinseco) per generare elementi N e P sono detti «atomi droganti» o «impurità» e il monocristallo semiconduttore così preparato viene detto «drogato».

Gli elementi droganti del silicio e germanio sono molti e appartengono tutti al III e al V gruppo della scala chimica di Mendelèjeff.

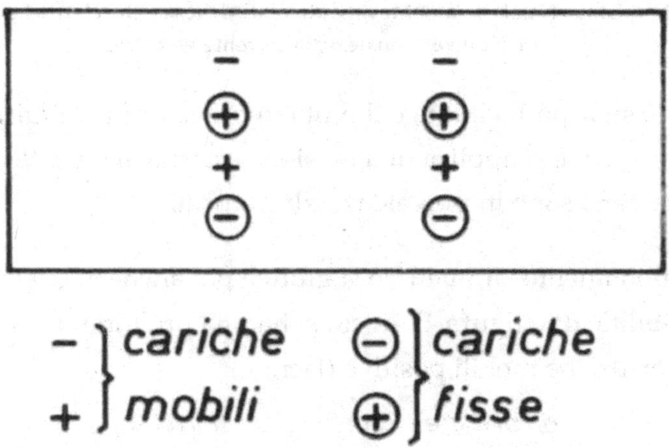


**Figura 1 - Monocristallo di Si o Ge puro (o intrinseco) a 25 °C.Sono presenti un piccolo numero di cariche elettriche mobili ed un pari numero di cariche elettriche fisse, tutte generate dall'energia termica.**

In conclusione, il cristallo «N» così ottenuto è neutro dal punto di vista della carica elettrica totale, poiché in esso vi sono un pari numero di cariche elettriche di segno opposto, fisse o mobili che siano.

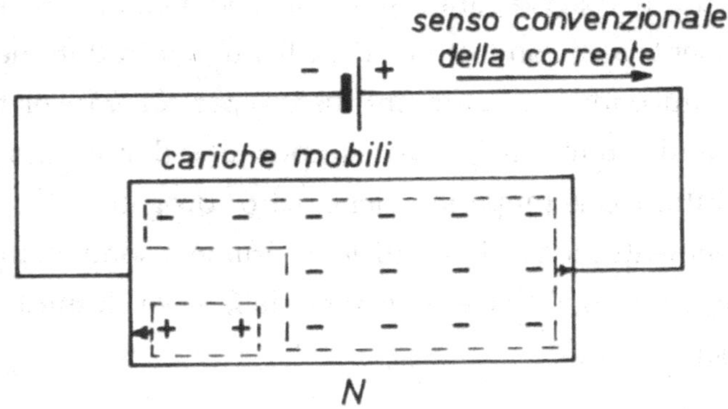


**Figura 3 - Cristallo N polarizzato. Movimento reale delle cariche elettriche mobili e senso convenzionale della corrente elettrica.**

Invece, la sua conducibilità è dovuta in prevalenza alle cariche negative: se cioè si applica una tensione esterna al cristallo (figura 3), a muoversi sono in prevalenza gli elettroni.

Con ragionamento simmetrico si giunge poi anche al cristallo di conducibilità «P» (figura 4), in cui si ha una predominanza di cariche elettriche mobili positive (lacune).

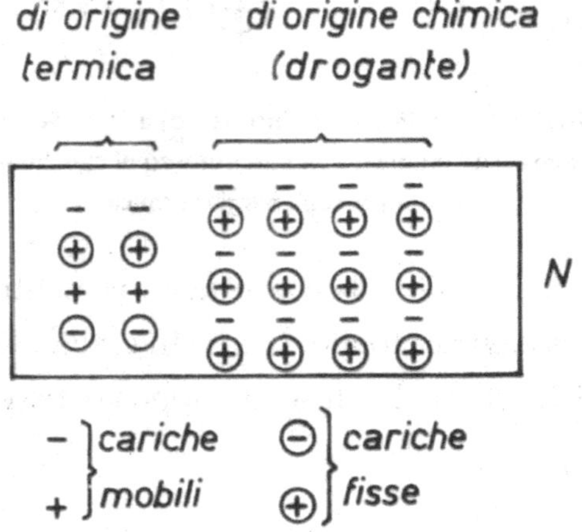


**Figura 4 - Cristallo semiconduttore di tipo P, predominano le cariche mobili positive**

Alle cariche elettriche mobili si è dato un nome a secondo dell'entità del loro numero e precisamente si dicono:

| | |
|---|---|
| cariche elettriche maggioritarie | cariche libere positive in semiconduttore P |
| | cariche libere negative in semiconduttore N |
| cariche elettriche minoritarie | cariche libere positive in un semiconduttore N |
| | cariche libere negative in un semiconduttore P |

Le cariche elettriche minoritarie sono di origine termica e quindi il loro numero è fortemente dipendente dalla temperatura.

Questo particolare darà luogo, infatti, a dispositivi pratici termicamente sensibili.

Le cariche elettriche maggioritarie sono di origine prevalentemente chimica e il loro numero è fissato all'atto di produrre il cristallo in base al numero degli atomi droganti introdotti (nella realtà il numero di atomi droganti introdotti per rendere P o N un monocristallo è compreso tra $10^4$ e $10^8$ per $cm^3$).

## *Giunzioni N-P*

Le caratteristiche dei principali dispositivi della tecnica (diodi, transistori, ecc.) si basano sulla proprietà di cristalli semiconduttori nei quali la concentrazione di cariche elettriche libere cambia improvvisamente da P a N.

La zona del cristallo in cui si ha questo repentino cambiamento del tipo di conducibilità è detta «giunzione» e viene ottenuta con diversi metodi.

È importante che il cristallo sia unico (monocristallo): la giunzione N-P non è originata dal congiungimento meccanico di una regione N e una P, ma deve esistere continuità cristallina tra le due parti.

Ciò che cambia passando da zona P a zona N è solo il tipo di atomi droganti presenti. Comunque, per comprendere ciò che accade in una giunzione, consideriamo le due parti P e N del cristallo separate fra di loro (figura 5) con tutte le cariche presenti libere e fisse.

Si ricorderà che nella regione P sono presenti un gran numero di cariche elettriche libere positive (maggioritarie) e un piccolo numero di cariche elettriche libere negative (minoritarie); analogamente nella regione N invertendo i segni delle cariche.

Immaginiamo ora di congiungere insieme le due zone di figura 5 e di formare istantaneamente una giunzione come in figura 6.

Se esiste una perfetta continuità cristallina, le cariche positive della zona P tendono a «diffondere» attraverso la giunzione e passare alla zona N, mentre le cariche negative della zona N tendono a diffondersi nella zona P.

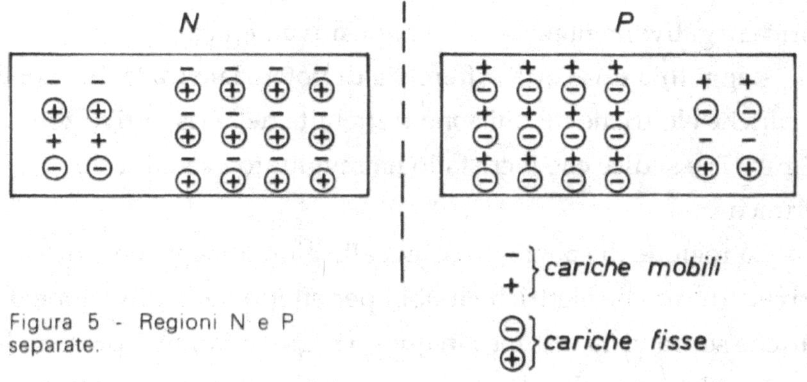


Figura 5 - Regioni N e P separate.

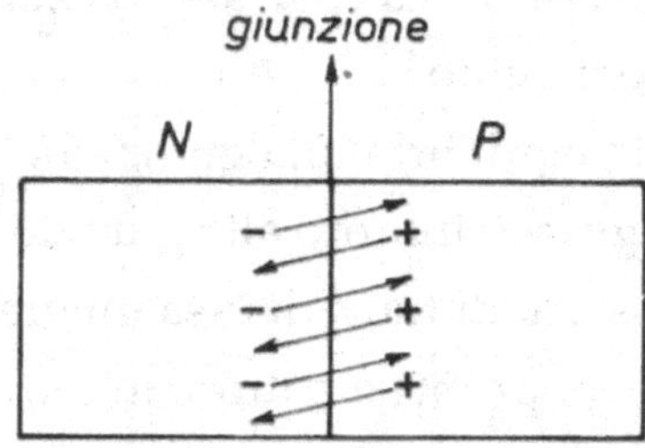


**Figura 6 - Appena avvenuta la giunzione le cariche mobili positive della zona P diffondono nella zona N. Le cariche mobili negative della zona N diffondono nella zona P.**

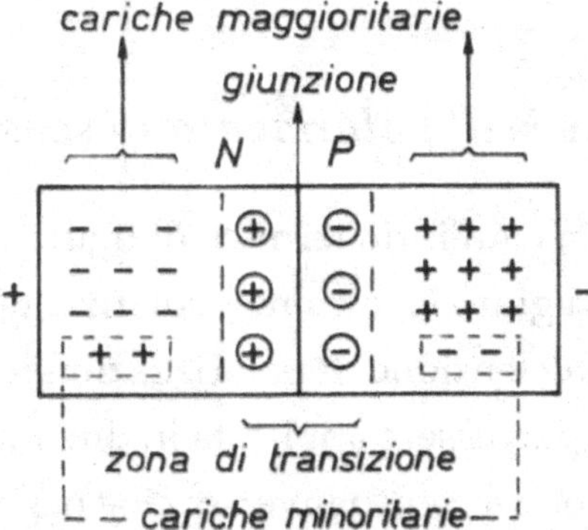


**Figura 7 - Giunzione N-P in equilibrio termico. Delle cariche fisse sono indicate solo quelle presenti nella zona di transizione. Nella zona di transizione non vi sono cariche**

Questo processo non può durare in eterno poiché la zona P si carica negativamente, e la zona N positivamente.

Raggiunta una certa differenza di potenziale tra le due zone, le cariche elettriche mobili sono trattenute nelle rispettive zone (figura 7) e si dice che il cristallo ha raggiunto l'«equilibrio termico».

La regione di spazio prossima alla giunzione viene a trovarsi privata di cariche elettriche mobili per effetto della diffusione di cariche sopra vista e quindi in questa regione saranno presenti le sole cariche elettriche «fisse»: per questo motivo detta regione viene chiamata «zona di carica spaziale» o «zona di transizione» o anche «zona di svuotamento».

Concludendo, in equilibrio una giunzione N-P si stabilizza come illustrato in figura 7: intorno alla giunzione una regione a cariche elettriche fisse, al di fuori di essa un gran numero di cariche elettriche libere pronte a entrare in movimento qualora venga applicata alla giunzione una differenza di potenziale esterna.

Ora occorre appunto vedere ciò che succede quando si applica questo potenziale esterno.

## *Giunzione N-P polarizzata in senso inverso*

Se alla giunzione in equilibrio termico di figura 7 si applica una tensione esterna, la giunzione viene «polarizzata» e la tensione applicata si chiama «tensione di polarizzazione».

Tale tensione può essere applicata in due modi ben distinti:

a) polarizzazione in senso inverso: cioè negativo della batteria sulla zona P e positivo sulla zona N (figura 8);

b) polarizzazione in senso diretto: cioè negativo della batteria sulla zona N e positivo sulla zona P (figura 11).

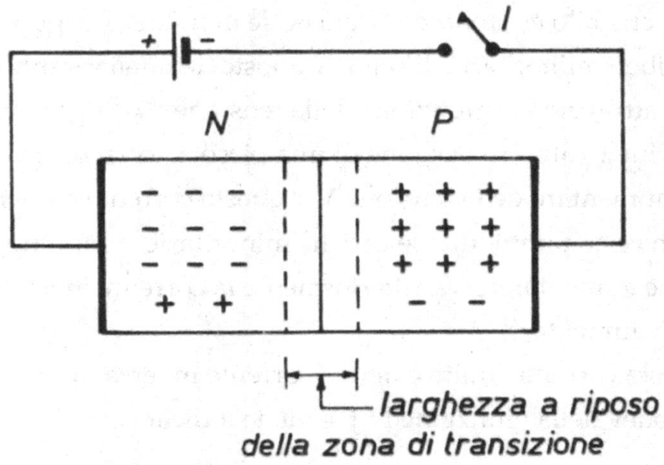


**Figura 8 - Giunzione N-P a riposo: sono rappresentate le sole cariche mobili.**

Nei due casi la giunzione si comporta in modo profondamente diverso: con polarizzazione inversa fluisce una corrente molto piccola, con polarizzazione diretta fluisce una corrente molto grande.

Vediamo più dettagliatamente il caso a), quello di polarizzazione inversa, e consideriamo unicamente le cariche elettriche libere di muoversi nel cristallo, cioè le cariche maggioritarie e le cariche minoritarie (figura 8).

Chiudiamo l'interruttore I di figura 8: la giunzione è polarizzata in senso inverso.

Le cariche elettriche negative della zona N e positive della zona P (tutte maggioritarie) sono attratte alle estremità del cristallo e la zona di transizione si allarga: le cariche maggioritarie restano perciò ferme e non superano la giunzione.

Nella giunzione N-P così polarizzata, quindi, non scorre corrente dovuta alle numerose cariche maggioritarie, in quanto esse restano imbrigliate alle estremità opposte del cristallo.

Nel cristallo esistono però, anche se in numero esiguo, delle cariche libere minoritarie di segno opposto, le quali saranno sospinte attraverso la giunzione della tensione $V_{AL}$ (figura 9) e daranno luogo alla circolazione di una piccola «corrente inversa».

All'aumentare della tensione $V_{AL}$ questa corrente aumenterà, ma ad un certo punto tutte le cariche minoritarie si saranno messe in moto, e aumentando $V_M$ ulteriormente la corrente inversa non potrà più aumentare.

Questa corrente limite è detta «corrente inversa di saturazione» della giunzione N-P e viene indicata con Is.

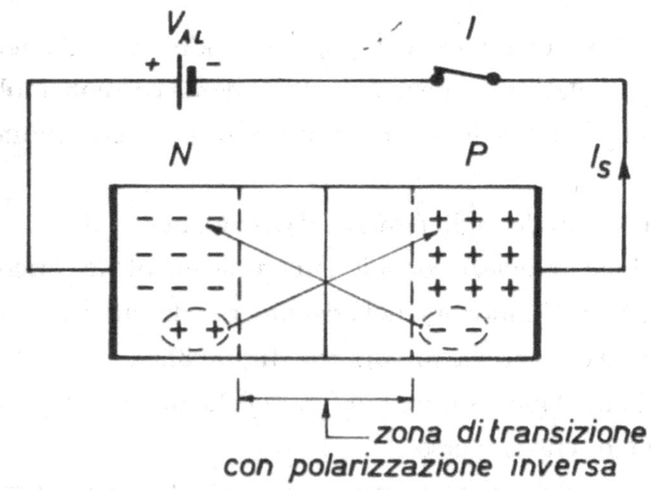


**Figura 9 - Giunzione N-P polarizzata in senso inverso. Le cariche minoritarie attraversano la giunzioni la zona di transizione si allarga.**

Poiché il numero delle cariche minoritarie è molto piccolo (decine di milioni di volte inferiore al numero delle cariche maggioritarie) la corrente inversa massima viene raggiunta per valori molto piccoli di $V_{AL}$ e si stabilizza a questo valore anche per $V_{AL}$ molto grande.

Quando si stabilisce questo valore $I_S$ di corrente inversa «tutte» le cariche minoritarie sono in movimento e non ne sono disponibili altre per poter aumentare la corrente.

Già appare evidente a questo punto che invertendo la polarità della batteria $V_{AL}$ saranno le cariche minoritarie a restare ferme, mentre le cariche maggioritarie supereranno la giunzione per dar luogo a una corrente ben più alta dato il loro numero elevato.

Questo è quanto vedremo più in dettaglio nel prossimo paragrafo; prima è opportuno considerare una conseguenza importante di quella deformazione della zona di transizione che si ha sotto l'effetto della tensione inversa $V_{AL}$ applicata alla giunzione, conseguenza che va sotto il nome di «capacità di giunzione $C_J$».

## *Capacità di giunzione*

La modificazione della zona di transizione per effetto di una tensione esterna è vista ai morsetti esterni come una variazione della «carica spaziale» della giunzione.

Infatti, con la polarizzazione inversa, un aumento di questa tensione esterna è vista ai morsetti esterni come una variazione della «carica spaziale fissa» di detta zona (si ricordi la figura 7).

E questo, per definizione, è proprio l'effetto di una capacità.

Una giunzione N-P equivale perciò a un condensatore di capacità $C_J$ variabile (figura 10) controllata dalla tensione $V_{AL}$.

Tale fatto è utilizzato in dispositivi pratici, quali i varactor e i varicap, il cui impiego ha assunto una notevole importanza.

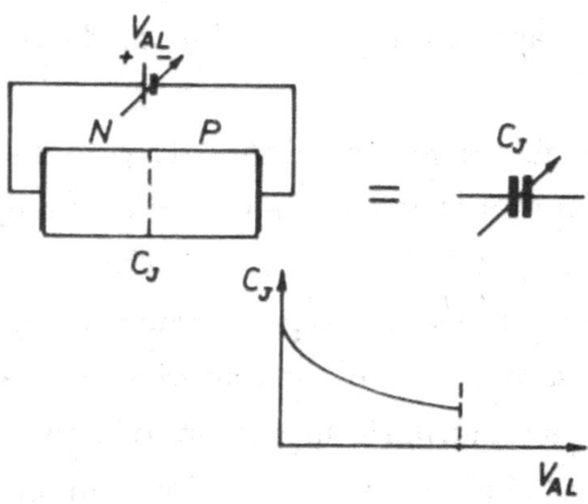


**Figura 10 - Capacità di giunzione. La giunzione NP presenta uno capacità intrinseca C, variabile con la tensione applicata $V_{AL}$**

All'aumentare della tensione inversa la capacità $C_J$ di giunzione diminuisce con un andamento di massima indicato in figura 10.

Generalmente per sfruttare l'effetto della capacità variabile si impiega una giunzione P-N polarizzata in senso inverso, poiché la corrente che attraversa la giunzione è bassa e quindi tollerabile come corrente di fuga della capacità stessa.

Con polarizzazione diretta è possibile l'impiego in tale senso della giunzione solo per valori piccolissimi di $V_{AL}$.

## *Giunzione N-P polarizzata in senso diretto*

Invertendo la polarità della batteria che forniva la tensione $V_{AL}$ del caso precedente si ottiene una «giunzione polarizzata in senso diretto» (figura 11). In questo caso sarà perciò:

- positivo della batteria su zona P

- negativo della batteria su zona N.

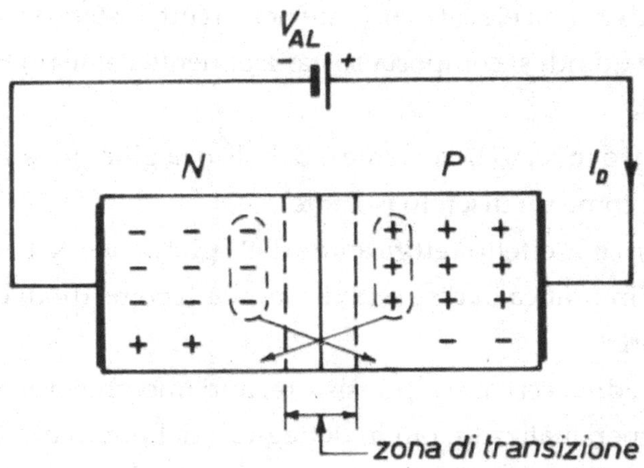


**Figura 11 -- Giunzione N-P polarizzata in senso diretto. Le cariche maggioritarie attraversano la giunzione.**

Ora sono le cariche maggioritarie a muoversi attraverso la giunzione sospintevi dalla tensione diretta $V_{AL}$; cioè si muovono le cariche libere negative della zona N e le cariche libere positive della zona P.

Come già sappiamo, il numero delle cariche maggioritarie presenti nel semiconduttore è molto elevato, per cui ad ogni piccolo aumento della tensione esterna $V_{AL}$, corrisponderà un forte aumento di cariche libere che si mettono in moto e attraversano la giunzione: ne risulta una elevata corrente diretta.

Si noti bene che le cariche maggioritarie passando dalla propria zona a quella opposta diventano in quest'ultima minoritarie e sono causa della conduzione della giunzione N-P.

Questo passaggio di cariche maggioritarie attraverso la giunzione è detto «iniezione di cariche» e da questo fenomeno prende le mosse la spiegazione del transistore bigiunzione che vedremo nel prossimo paragrafo 8.

Ritornando alla giunzione N-P si vede che polarizzandola in senso diretto fluisce una elevata corrente nel circuito esterno; la giunzione quindi si comporta sostanzialmente come un buon conduttore.

In senso inverso la corrente è debole e la giunzione si comporta come un discreto isolante.

Questo è «l'effetto rettificante» della giunzione N-P, effetto utilizzato in pratica in dispositivi conosciuti come diodi e rettificatori.

Prima di descrivere il transistore, apriamo una breve parentesi per analizzare più in dettaglio e dal punto di vista applicativo il diodo a giunzione.

## *Diodo a giunzione: caratteristica esterna*

Il diodo a giunzione è un dispositivo consistente in una giunzione N-P quale quella prima studiata le cui proprietà rettificatrici vengono sfruttate nei circuiti elettrici per raddrizzare correnti alternate, rivelare segnali e per ottenere altri numerosi effetti utili.

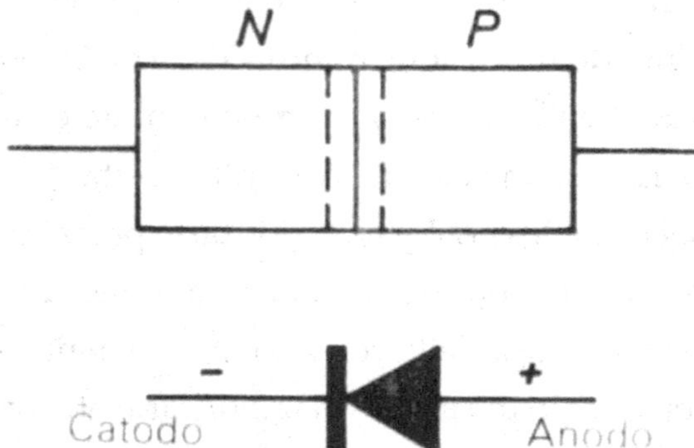


**Figura 12 - Simbolo elettrico del diodo.**

Il suo simbolo e la relativa polarità sono riportati in figura 12.

Esistono anche diodi col catodo P e l'anodo N. qui, comunque, ci riferiremo unicamente alla disposizione della figura 12.

La caratteristica elettrica esterna di un diodo a giunzione rispecchia le conclusioni a cui siamo giunti nel paragrafo precedente ed è indicata in figura 13 dove con la curva si rappresenta la corrente che fluisce attraverso il diodo al variare della tensione $V_{AL}$ applicata ad esso.

Come è facilmente osservabile, con polarizzazione diretta è sufficiente un piccolo aumento della tensione $V_{AL}$ per provocare un forte incremento della corrente $I_D$; mentre nella regione a polarizzazione inversa il diodo raggiunge rapidamente un valore Is fisso della corrente (corrente inversa di saturazione) oltre il quale, anche aumentando la tensione inversa, la corrente inversa non aumenta.

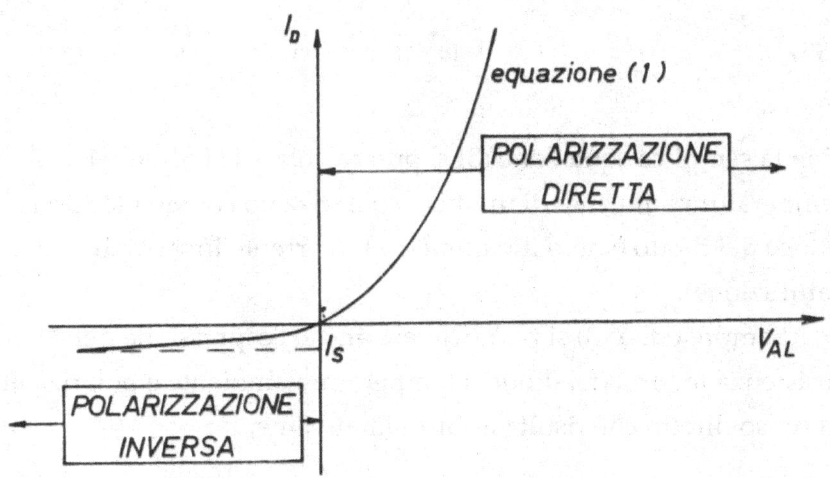


**Figura 13 - Caratteristica elettrica del diodo a giunzione (teorica).**

Può essere istruttivo conoscere l'espressione analitica della corrente $I_D$ del diodo a giunzione in funzione della tensione $V_{AL}$ ad esso applicata, espressione che viene riportata qui per completezza con riferimento alla figura 13:

$$(1) \qquad I_D = I_S (e^{qV_{AL}/KT} - 1)$$

dove:

$I_D$ = corrente che attraversa il diodo
$I_S$ = corrente inversa di saturazione
$q$ = carica dell'elettrone
$V_{AL}$ = tensione esterna di polarizzazione
$K$ = costante di Boltzman
$T$ = temperatura assoluta
$e$ = 2,73... numero naturale.

In pratica, a temperatura ambiente (25 °C), risulta:

$$(2) \qquad \frac{KT}{q} = 0{,}027 \text{ volt}$$

per cui l'espressione (1) può essere semplificata così:

$$(3) \qquad I_D = I_S (e^{V_{AL}/0{,}027} - 1)$$

Con la semplice equazione (3) si può calcolare la corrente L a temperatura ambiente di un diodo polarizzato con una tensione $V_{AL}$ se del diodo è noto il parametro $I_S$ (corrente inversa di saturazione).

Sempre dalla (3) si può ricavare anche l'espressione della resistenza interna del diodo a temperatura ambiente e polarizzato in senso diretto che risulta approssimativamente:

$$(4) \qquad R = \frac{0{,}027}{I_D}$$

L'equazione (4) è valida per qualsiasi diodo a giunzione e ci dice semplicemente che la sua resistenza interna è inversamente proporzionale alla corrente $I_D$ che lo percorre.

Le equazioni ora viste sono approssimate in quanto nella pratica intervengono molti fatti ad alterarle. Esse comunque forniscono un'ottima approssimazione per lo studio e l'utilizzazione circuitale di diodi a giunzione.

Un punto importante da rilevare è che la tensione inversa applicabile al diodo non può crescere all'infinito.

A un certo valore della tensione inversa la giunzione «si rompe», ossia le cariche minoritarie in movimento raggiungono una velocità sufficiente a dar luogo a urti con atomi così violenti, l'equazione (4) è valida per qualsiasi diodo a giunzione e ci dice semplicemente che la sua resistenza interna è inversamente proporzionale alla corrente $I_D$ che lo percorre.

Le equazioni ora viste sono approssimate, in quanto nella pratica intervengono molti fatti ad alterarle. Esse comunque forniscono un'ottima approssimazione per lo studio e l'utilizzazione circuitale di diodi a giunzione.

Un fatto importante da rilevare è che la tensione inversa applicabile al diodo non può crescere all'infinito.

Ad un certo valore della tensione inversa la giunzione «si rompe», ossia le cariche minoritarie in movimento raggiungono una velocità sufficiente a dar luogo a urti con atomi così violenti

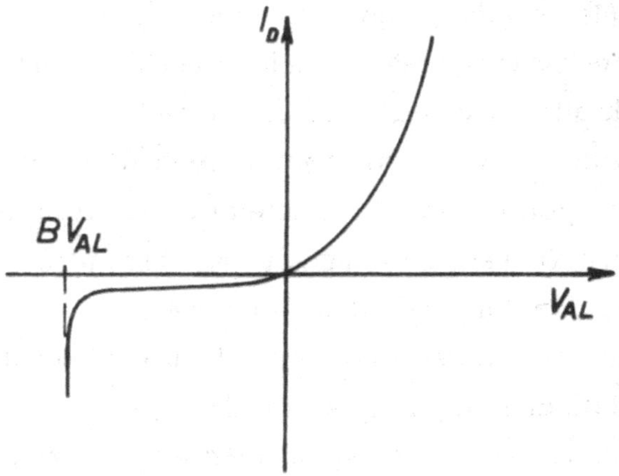


da provocare il distaccamento di altri elettroni, i quali diventano liberi e proseguono l'opera dei primi. Si verifica cioè un fenomeno «a valanga» e la corrente inversa cresce rapidissimamente.

A quel valore $BV_{AL}$ di tensione inversa per il quale ha inizio questo fenomeno (fenomeno «avalanche») si dà il nome di «tensione di rottura» («Breakdown Voltage») e la caratteristica elettrica completa del diodo si presenta come in figura (al fenomeno avalanche se ne aggiungono altri con lo stesso risultato che non è qui nostro interesse approfondire).

Nel pratico impiego dei diodi si dovrà fare in modo che questo valore $BV_{AL}$ non venga mai superato.

Concluso l'argomento delle giunzioni N-P, dobbiamo ora passare a trattare una struttura più complessa, non più costituita da una sola giunzione N-P: si possono infatti combinare insieme più giunzioni per formare dispositivi dalle caratteristiche esterne svariate.

Di queste varie possibilità studiamo ora il più diffuso dispositivo multi-giunzione: il «transistore bigiunzione», meta di tutta la trattazione finora svolta.

## *Transistore bigiunzione*

Volendo studiare il funzionamento fisico del transistore bigiunzione, dobbiamo soffermarci su alcune delicate questioni: il transistore, infatti, nonostante sia entrato con facilità nell'uso comune, ha un funzionamento di base molto complesso e per un suo studio completo, seppur qualitativo, è necessario un minimo d'attenzione.

Ricordiamo che le cariche mobili in una giunzione N-P sono sia positive (le lacune), sia negative (gli elettroni); queste cariche mobili si chiamano maggioritarie e minoritarie a secondo dell'entità del loro numero.

Sono maggioritarie le cariche mobili positive della zona P e negative della zona N. Sono minoritarie le cariche negative della zona P e positive della zona N.

Si ricorderà che in una giunzione polarizzata in senso diretto le cariche positive della zona P sono «iniettate» nella zona N e le cariche negative della zona N sono «iniettate» nella zona P attraverso la giunzione, dando luogo al fenomeno di conduzione, cioè a una rilevante corrente nel circuito esterno.

Dobbiamo ora porci questa domanda: quando le cariche maggioritarie vengono iniettate nella zona opposta per effetto della tensione esterna, di esse che cosa succede?

La presenza nella zona opposta di un gran numero di cariche libere di segno contrario come influenza questa aggressione di cariche giungenti attraverso la giunzione?

Certamente si verificherà una azione reciproca: cariche uguali e di segno opposto si attraggono e si annullano compensandosi.

Questo, infatti, accade in una giunzione polarizzata in senso diretto: le cariche maggioritarie superano la giunzione e cominciano a ricombinarsi con le cariche libere di segno contrario che incontrano.

A una certa distanza dalla giunzione tutte le cariche «iniettate» attraverso la giunzione si sono ricombinate con quelle presenti nella zona, annullandone una parte. Dalla batteria che alimenta il circuito esterno saranno perciò richiamate cariche elettriche a compensare l'avvenuta ricombinazione e queste cariche elettriche richiamate saranno elettroni all'estremità della zona N e lacune all'estremità della zona P della giunzione (una lacuna che si muove in un senso in un campo elettrico equivale a un elettrone che si muove in senso opposto in quel campo elettrico).

Quella distanza dalla giunzione in cui tutte le cariche «iniettate» attraverso di essa si sono ricombinate è detta «profondità di diffusione» e questa profondità è fondamentale nello sviluppo della teoria del transistore a giunzione.

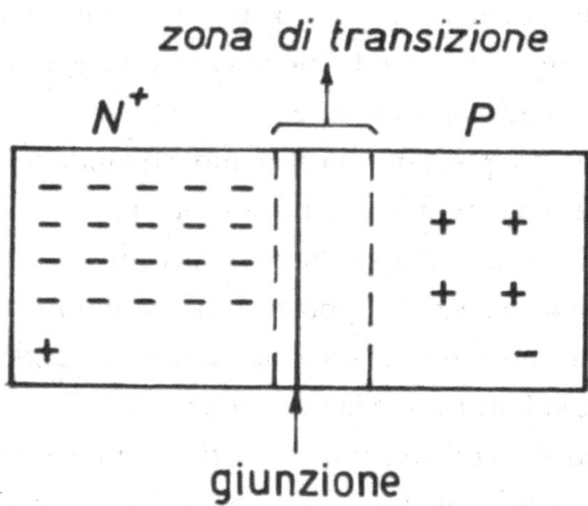


**Figura 15 - Giunzione asimmetrica N-P. La zona N è molto più drogata della zona P**

Prima di affrontare il transistore vero e proprio dobbiamo considerare un caso particolare di giunzione N-P che poi entrerà a far parte della struttura del transistore.

In figura 15 è riportato l'esempio di una giunzione con un gran numero di cariche maggioritarie nella zona N e un esiguo numero di cariche maggioritarie nella zona P: questa è una giunzione asimmetrica.

Finora abbiamo infatti considerato una giunzione N-P simmetrica, ora si suppone che la zona N sia stata molto più drogata della zona P e quindi che il numero delle cariche elettriche libere sia molto diverso dalle due parti della giunzione. Una zona N fortemente drogata si indica con un + in alto a destra: $N^+$ (figura 15).

Si dimostra che in una giunzione $N^+$-P la zona di transizione si estende in prevalenza nella zona meno drogata (figura 15).

Polarizziamo ora in senso diretto un tal tipo di giunzione asimmetrica (figura 16): le cariche maggioritarie sono iniettate attraverso la giunzione e si ricombinano con le cariche libere di segno opposto che incontrano nel loro movimento. Ma data la diversa densità di cariche maggioritarie tra le due zone, i numerosi elettroni che dalla zona $N^+$ passano alla zona P dovranno percorrere un cammino ben più lungo dei loro colleghi in movimento nel senso opposto, prima di essersi completamente ricombinati.

La profondità di diffusione degli elettroni iniettati dalla zona fortemente drogata. $N^+$, alla zona poco drogata, P, è perciò di gran lunga superiore alla medesima profondità in senso opposto (figura 17).

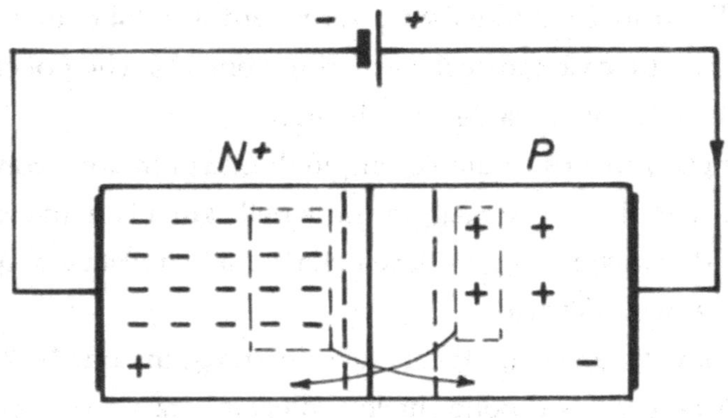


**Figura 16 – Giunzione $N^+$-P polarizzata in senso diretto**

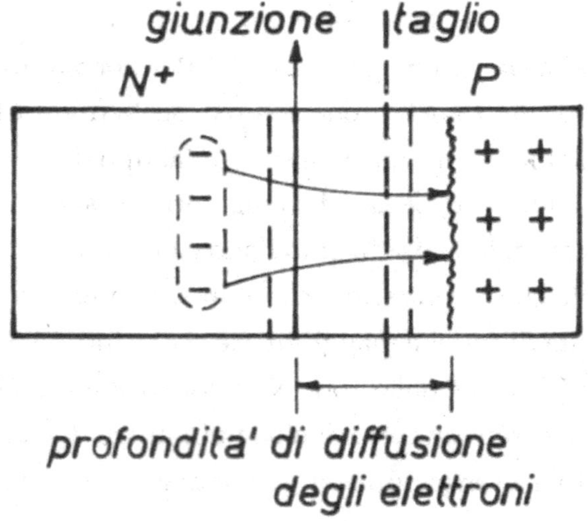


**Figura 17 - La base di un transitore a giunzione si ottiene tagliando la zona poco drogata (P) in prossimità della giunzione, ad una distanza inferiore alla «profondità di diffusione degli elettroni**

Immaginiamo ora di tagliare via una parte della zona P di figura 17 secondo un piano disposto in modo tale che abbia dalla giunzione una distanza inferiore alla profondità di diffusione degli elettroni nella stessa zona P.

Operato questo taglio, applichiamo un elettrodo collegato al positivo di una batteria che polarizzi in senso diretto questa particolarissima giunzione $N^{+}P$ mutilata (figura 18). Anche qui le cariche maggioritarie saranno iniettate attraverso la giunzione nelle zone opposte:

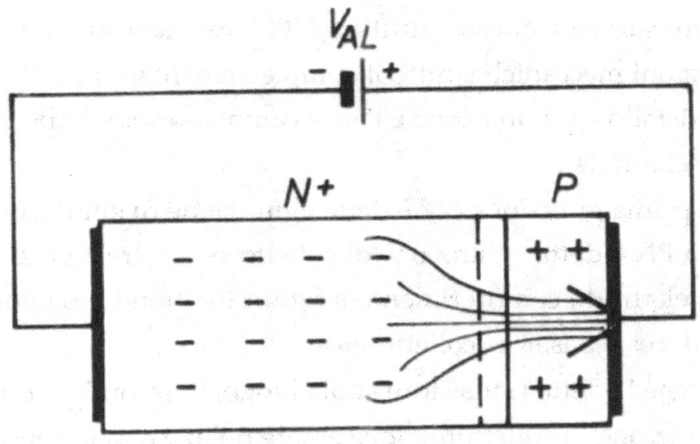


**Figura 18 - In una giunzione N mutilata come in figura 17 gli elettroni della zona N raggiungono l'elettrodo esterno della zona P prima di ricombinarsi.**

solo che ora gli elettroni della zona $N^{+}$ superano la giunzione e prima di essersi ricombinati con le lacune della zona P, raggiungono l'elettrodo positivo collegato alla batteria.

Mentre le lacune iniettate dalla zona P alla zona $N^{+}$ si ricombineranno subito e per il loro esiguo numero non daranno luogo a correnti apprezzabili.

## *Effetto transistore*

Se a una giunzione come quella riportata in figura 18 aggiungiamo una zona N in modo da formare una seconda giunzione P-N otteniamo proprio un transistore a giunzione NPN (figura 19).

Naturalmente questa struttura NPN non deve avere interruzioni meccaniche: tutto il complesso è infatti un monocristallo e tra una zona e l'altra cambiano solo il tipo delle cariche elettriche.

La prima giunzione NP è detta «giunzione di emittore», la seconda PN è detta «giunzione di collettore». Le tre zone e i relativi elettrodi, con riferimento a figura 19, prendono i nomi di «emettitore», «base» e «collettore».

Perché l'effetto transistore abbia luogo, la seconda giunzione PN (giunzione di collettore) deve essere polarizzata in senso inverso con una seconda batteria Ve (figura 19), mentre la giunzione di emittore è polarizzata in senso diretto.

Perciò le cariche maggioritarie di emittore (elettroni) vengono iniettate nella zona P di base: qui incominciano a ricombinarsi ma, data la sottigliezza della zona di base e la sua scarsa drogatura, quasi tutti questi elettroni raggiungono la giunzione di collettore. Ora gli elettroni così iniettati nella zona di base diventano in questa zona delle cariche minoritarie (sono infatti cariche elettriche libere negative in una zona P).

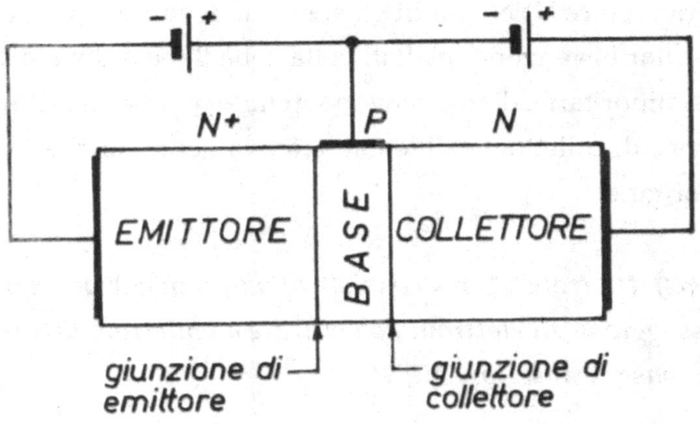


**Figura 19 - Transistore a giunzione NPN.**

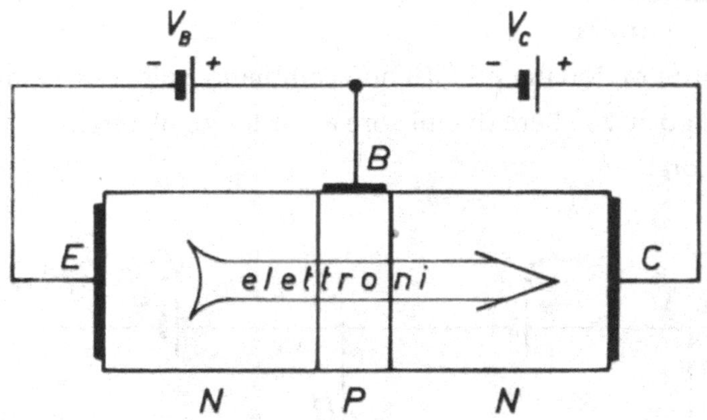


**Figura 20 - Effetto transistore**

La seconda giunzione di collettore è polarizzata in senso inverso e, come noto, in questa situazione sono le cariche minoritarie delle due zone a essere sospinte attraverso la giunzione.

Quindi quegli elettroni che hanno superato la giunzione di base vengono catturati dalla giunzione di collettore e superano anche questa giunzione, ed entrano nella zona N di collettore.

In un transistore NPN quindi gli elettroni di emittore (cariche maggioritarie) vengono iniettati nella zona di base dove diventano cariche minoritarie; di qui vengono in massima parte catturati dalla zona di collettore e diventano nuovamente cariche maggioritarie.

***L'«effetto transistore» consiste appunto in questo (figura 20): nel passaggio degli elettroni da emittore a collettore attraverso la zona di base (transistore NPN).***

È possibile realizzare anche la struttura esattamente simmetrica PNP di figura 21.

Tutti i ragionamenti fatti non cambiano; solo, ora, saranno le cariche positive libere di emittore a dar luogo all'effetto transistore.

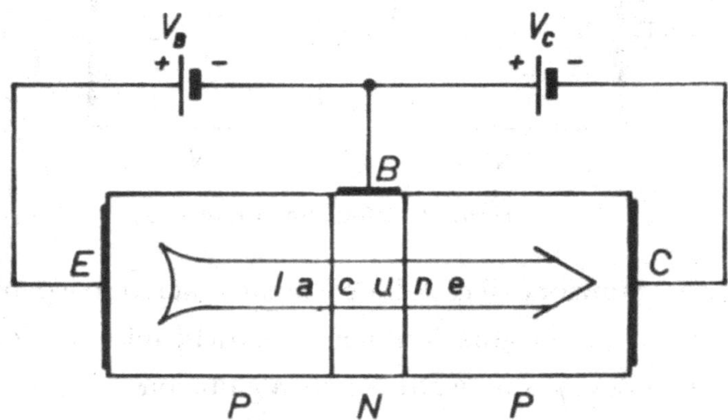


**Figura 21 - Transistore PNP.**

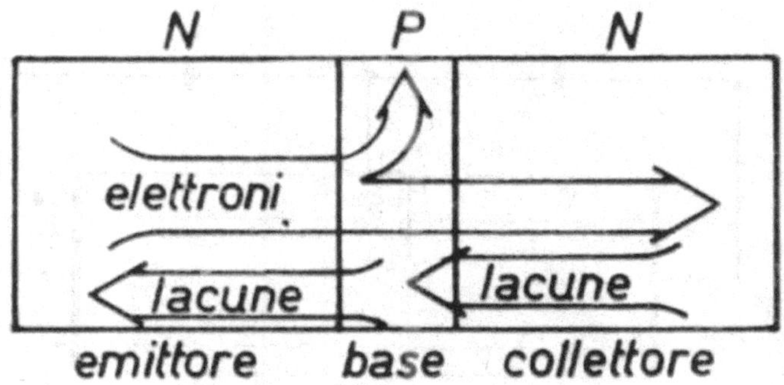


**Figura 22 - Andamento delle cariche elettriche mobili in un transistore NPN.**

Ritornando alla struttura NPN, occorre precisare che per quanto la maggioranza degli elettroni iniettati nella base raggiungono il collettore, una certa parte di essi si ricombina nella zona di base stessa annullando alcune cariche positive presenti e costringendo la batteria $V_B$ a fornire alla base un equivalente numero di cariche positive sotto forma di corrente di base $I_B$.

Inoltre, le cariche maggioritarie della base (per quanto poche) vengono iniettate nell'emittore essendo la giunzione di emittore polarizzata in senso diretto. e anche questo fatto provoca una corrente attraverso il circuito esterno di base.

Alla fine, si ottiene una situazione come in figura 22, in cui sono indicati i vari flussi di cariche mobili in un transistore a struttura NPN normalmente polarizzato a cui corrispondono le correnti elettriche convenzionali indicate in figura 23 (si ricorda ancora che convenzionalmente è considerata positiva la corrente elettrica che va dal polo positivo della batteria al polo negativo: le lacune si muovono quindi nel senso positivo della corrente, gli elettroni in senso opposto).

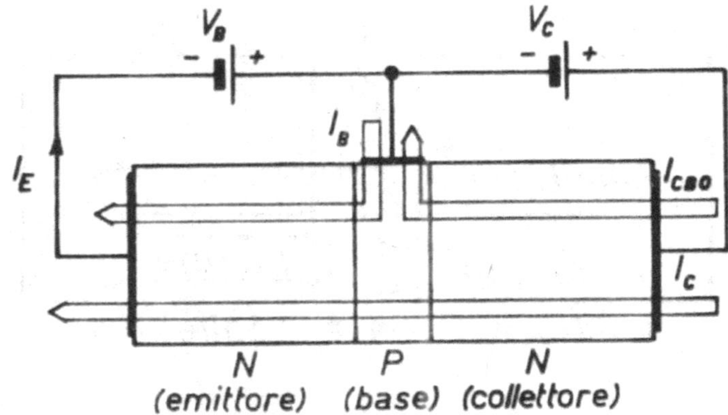


**Figura 23 - Correnti elettriche (sensi convenzionali) in un transistore NPN.**

Riassumendo, in un transistore NPN vi sono due giunzioni:

- prima giunzione NP, detta di emittore, polarizzata in senso diretto;
- seconda giunzione PN, detta di collettore, polarizzata in senso inverso.

Il flusso di cariche maggioritarie che superano la giunzione di emittore e provenienti dall'emittore stesso attraversano la sottilissima zona di base e raggiungono la zona di collettore, catturate dalla tensione inversa della seconda giunzione.

Dal punto di vista dei morsetti esterni tutto questo può essere espresso nel modo seguente: la corrente di emittore $I_E$, provocata dalla tensione $V_B$ si trasferisce quasi tutta al collettore provocando una corrente $I_C$ nel circuito alimentato dalla tensione $V_C$ ($I_C$ è sempre compreso tra 0,97 e 0,99 volte $I_E$, figura 23).

Aumentando $I_E$, aumenterà perciò della stessa misura $I_C$ e ricordando che $I_E$ circola in un circuito a bassa resistenza (giunzione in conduzione) mentre Ic circola in un circuito ad alta resistenza (giunzione in senso inverso ossia in interdizione) ne otteniamo in pratica un «guadagno in tensione» e quindi un «guadagno di potenza»: il transistore «amplifica».

Vedremo meglio nel prossimo paragrafo questo risultato fondamentale, per il quale il transistore ha assunto tanta importanza nella tecnica.

La zona di base di un buon transistore a giunzione ha uno spessore di qualche micron; la drogatura della zona di emittore deve essere mediamente 100 volte quella della zona di base e la drogatura della zona di collettore deve essere inferiore a quella di base.

Inoltre, poiché gli elettroni sono molto più mobili delle lacune (circa tre volte), a pari spessore di base gli elettroni impiegano un minor tempo ad attraversare la zona di base di quanto non ne impieghino le lacune.

Questo fatto ha per conseguenza che, a pari geometria, un transistore NPN risponde meglio in frequenza di un transistore PNP; nel primo, infatti, l'effetto amplificatore è dovuto agli elettroni mentre nel secondo alle più lente lacune.

### *Transistore come amplificatore*

Dobbiamo ora rispondere alla seguente domanda: come mai una struttura NPN congegnata nel modo visto in precedenza consente un'amplificazione?

Per rispondere ci si riferisca alla figura 24 e si ricordino i seguenti fatti:

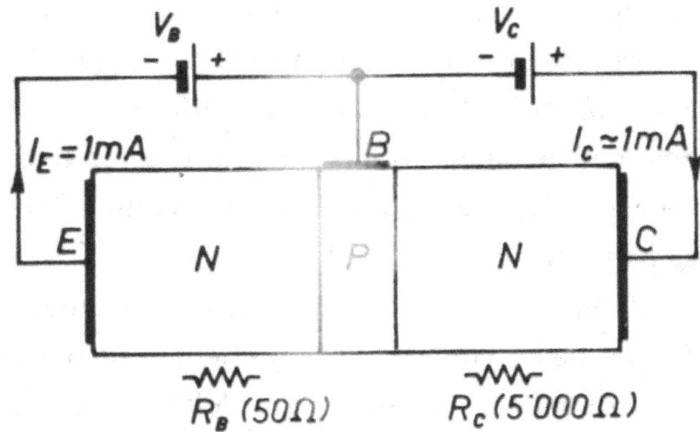


**Figura 24 - Transistore come amplificatore.**

- la giunzione di emittore è polarizzata in senso diretto, per cui la sua resistenza equivalente $R_B$ è piccola (diciamo per fissare le idee $R_B = 50$ ohm);
- la giunzione di collettore è polarizzata in senso inverso, per cui la sua resistenza equivalente $R_C$ è alta (diciamo per esempio $R_C = 5000$ ohm);
- la corrente $I_E$ di emittore è praticamente uguale alla corrente $I_C$ del circuito di collettore (supponiamo per fissare le idee $I_E = I_C = 1$ mA).

Riferendoci ora ai valori di $I_E$, $I_C$, $R_C$ e $R_B$ indicati, immaginiamo di far variare la tensione della batteria $V_B$ di 5 mV.

Questa variazione di tensione sulla resistenza $R_B$ provocherà una variazione della corrente $I_E$, pari a 0,1 mA nel circuito base-emittore, variazione di corrente che si ripercuoterà praticamente inalterata nel circuito base-collettore nel quale quindi anche $I_C$ varierà di 0,1 mA.

Ma il secondo circuito possiede una resistenza equivalente $R_C$ di 5000 ohm, per cui su $R_C$ si avrà una variazione di tensione pari a 500 mV per quella variazione di corrente (0,1 mA).

Quindi con una variazione di tensione d'ingresso di 5 mV all'uscita si verifica una variazione di tensione di 500 mV.

Il guadagno in tensione risulta perciò in questo esempio pari a 100 volte

$$\frac{\text{uscita}}{\text{ingresso}} = \frac{500}{5} = 100 \quad .$$

Il guadagno in potenza si ottiene moltiplicando il guadagno in tensione per il guadagno in corrente: poiché la corrente d'ingresso $I_E$ è praticamente uguale alla corrente d'uscita $I_C$, (guadagno in corrente 1) il guadagno in potenza sarà pure 100.

Il nostro transistore è perciò un dispositivo atto ad amplificare segnali elettrici e può quindi essere utilmente impiegato come elemento attivo nei circuiti.

Occorre precisare che la variazione della corrente $I_E$ di emittore è solo «approssimativamente» uguale alla variazione conseguente della corrente di collettore $I_C$.

Una parte di $I_E$ fluisce come corrente $I_B$ al terminale di base.

Poiché la corrente $I_B$ ha sempre un valore di qualche per cento di $I_E$, il rapporto $\Delta I_C/\Delta I_E$ tra le variazioni delle due correnti è sempre prossimo a 1.

Il rapporto $\Delta I_C/\Delta I_E$ viene indicato generalmente con il simbolo: $\alpha$ rappresenta perciò un guadagno in corrente.

Vedremo meglio nel seguito il significato e la utilità di questo parametro: qui basti sapere che a ha un valore numerico sempre compreso tra 0,97 e 0,99.

## *Parametri fondamentali*

I simboli elettrici dei transistori appartenenti rispettivamente alle famiglie NPN e PNP sono riportati in figura 25.

Nel seguito considereremo solo questi simboli e non più la complessa configurazione fisica finora utilizzata per studiarne la fenomenologia.

Si noti come la freccia d'emittore del simbolo elettrico individui la direzione della corrente convenzionale (dal positivo al negativo della batteria). Prima di analizzare i vari modi di impiegare in un circuito un transistore dobbiamo acquisire la conoscenza di alcuni importanti parametri elettrici; parametri che servono a distinguere e classificare i vari «tipi» di transistori.

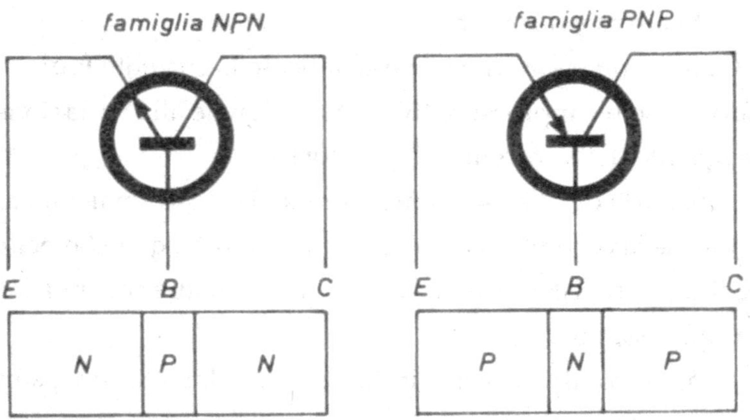


**Figura 25 - Transistori a giunzione simboli elettrici**

È noto come nel commercio siano disponibili un gran numero di transistori con sigle diverse (2N708, OC71, BSX12, AF70, ecc. ecc.) e ciascuno con caratteristiche sue proprie che lo differenziano dagli altri e ne delimitano l'impiego pratico.

Sono anche comuni espressioni del tipo «transistore per alta frequenza», «transistore per bassa frequenza», «per alte tensioni», «di potenza», «per elevate correnti», «di alto guadagno» ecc., modi questi di indicare a parole ciò che con molta precisione viene individuato da alcuni parametri.

Per precisare queste espressioni vaghe ed eliminare così ogni ambiguità si sono introdotti opportuni valori numerici dati a particolari parametri che inquadrano con esattezza un dato tipo di transistore.

Ci proponiamo ora appunto di definire i principali parametri elettrici la cui conoscenza è indispensabile per il progettista circuitale. Tra gli innumerevoli parametri esistenti indicheremo in questo paragrafo solo i più significativi.

I parametri elettrici si dividono in due categorie:

- valori massimi assoluti (absolute maximum ratings);
- caratteristiche elettriche (electrical characteristics).

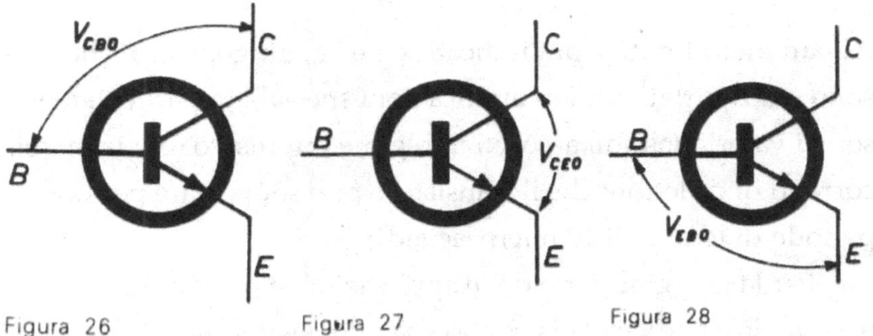


Figura 26 Figura 27 Figura 28

I parametri indicati come «valori massimi assoluti» sono rappresentativi di quelle entità di corrente, tensione e temperatura che non devono essere superate nel pratico impiego pena la distruzione o alterazione del transistore (es.: la massima corrente di collettore).

I parametri indicati come «caratteristiche elettriche» forniscono invece la dimensione delle prestazioni che il transistore può dare in circuito a certe condizioni in generale specificate (es.: il guadagno in corrente per una certa corrente di collettore).

Definiamo i principali «valori massimi assoluti»:

*Valori massimi assoluti*

$T_{JMAX}$ = massima temperatura alla giunzione, espressa in°C
$V_{CBO}$ = massima tensione tra collettore e base con emittore aperto, espressa in V (figura 26)
$V_{CEO}$ = massima tensione tra collettore ed emittore con base aperta, espressa in V (figura 27)
$V_{EBO}$ = massima tensione tra emittore e base con collettore aperto (figura 28)
$I_{CMax}$ = massima corrente di collettore, espressa in mA oppure A
$I_{BMax}$ = massima corrente di base, espressa in mA oppure in A
$P_{tot}$ = massima potenza dissipata del transistore alle condizioni specificate, espressa in W.

Ai parametri limiti sopra indicati se ne aggiungono altri che non sono qui riportati, utili in applicazioni speciali: in particolare vi sono i valori massimi assoluti in regime impulsivo (es.: le massime correnti di collettore che il transistore può sopportare per un periodo di tempo di 10 microsecondi).

Per la maggior parte delle applicazioni è comunque necessaria e sufficiente la conoscenza dei «valori massimi assoluti» sopra riportati.

*Caratteristiche elettriche*

Ben più ampio è il numero dei parametri che vanno sotto la definizione di «caratteristiche elettriche».

In ogni tipo d'applicazioni sono utili, infatti, certe specifiche caratteristiche elettriche e d'altra parte le applicazioni sono numerose (amplificatori BF, AF, commutazione, oscillatori, ecc.).

Riporteremo ancora solo le più importanti e significative, quelle generalmente riportate in tutti i fogli di dati tecnici e necessari per quasi tutte le applicazioni.

$h_{FE}$ = guadagno in corrente continua in circuito a emittore comune

$h_{fe}$ = guadagno in corrente alternata in circuito a emittore comune (detto anche $\beta$)

$h_{FB}$ = guadagno in corrente continua in circuito a base comune

$h_{fb}$ = guadagno in corrente alternata in circuito a base comune (detto anche $\alpha$)

$f_T$ = frequenza alla quale il guadagno in corrente $h_{fe}$ diventa unitario ($F_T$ individua la massima frequenza di utilizzazione di un transistore e si misura in MHz)

$f_\alpha$ = frequenza di taglio, alla quale $h_{fb}$ scende di 0,707 volte. Si misura in MHz

$f_\beta$ = frequenza di taglio, alla quale $h_{fe}$ scende di 0,707 volte. Si misura in MHz

$I_{CBO}$ = corrente inversa di saturazione del diodo base-collettore (si veda il paragrafo 2 del capitolo II)

$I_{CEO}$ = corrente tra collettore ed emittore con base aperta (si veda il paragrafo 2 del capitolo II)

$I_{EBO}$ corrente inversa di saturazione del diodo emittore base (si veda il paragrafo 2 del capitolo II)

$K_J$ resistenza termica tra giunzione e involucro del transistore. Espressa in °C/W oppure °C/mW.

I parametri $h_{FE}$ e $h_{fe}$ sono un indice delle capacità del transistore di amplificare correnti in circuiti a emittore comune; il loro valore numerico è generalmente compreso tra 20 e 300.

Per transistori di potenza viene generalmente specificato $h_{FE}$, mentre per transistori di piccola potenza si preferisce specificare $h_{fe}$ (si noti come gli indici minuscoli si riferiscono a correnti alternate o segnali, e gli indici maiuscoli a correnti continue).

Analogamente $h_{FB}$ e $h_{fb}$, sono un indice della capacità del transistore di amplificare correnti in circuiti a base comune: il loro valore numerico è sempre prossimo all'unità (compreso tra 0,97 e 0,99). Il parametro $h_{fb}$ coincide con quel fattore a visto nel precedente paragrafo 9.

I parametri $f_T$, $f_\alpha$, e $f_\beta$; sono indici del limite in frequenza a cui può funzionare il transistore cui si riferiscono.

Attualmente si preferisce indicare a tale scopo il solo parametro $f_T$ per la sua migliore misurabilità e univocità.

Per uno stesso transistore, $f_\beta$ è minore di $f_T$ ; $f_T$ è minore sia di $f_\alpha$ sia della massima frequenza d'oscillazione teorica.

Nella maggior parte delle applicazioni, perciò, si dovrà prevedere l'impiego di un transistore che abbia una $f_T$ superiore alla massima frequenza di lavoro.

I parametri $I_{CBO}$, $I_{CEO}$ e $I_{EBO}$ rappresentano correnti di fuga, ossia «parassite». Nelle applicazioni pratiche è auspicabile un loro basso valore; questi parametri infatti sono fortemente dipendenti dalla temperatura (raddoppiano ogni 10 °C) e provocano diverse instabilità che chiariremo meglio nel prossimo capitolo.

Il valore di $K_J$ indica la capacità del transistore di trasmettere all'esterno il calore generato per effetto Joule alla giunzione di collettore del transistore. Tanto più basso è il valore della resistenza termica $K_J$ e tanto maggiore è l'entità del calore trasmesso dalla giunzione all'ambiente esterno.

L'impiego pratico di questo parametro è importante per transistori di potenza e ne vedremo bene l'utilità nel capitolo seguente.

## *Circuiti fondamentali*

Le configurazioni circuitali per l'impiego di un transistore come amplificatore sono tre:

- circuito a base comune (figura 29)
- circuito ad emittore comune (figura 30)
- circuito a collettore comune (figura 31)

Ciascuna di queste tre configurazioni presenta caratteristiche sue proprie che riassumiamo qui di seguito.

**Circuito a base comune:**

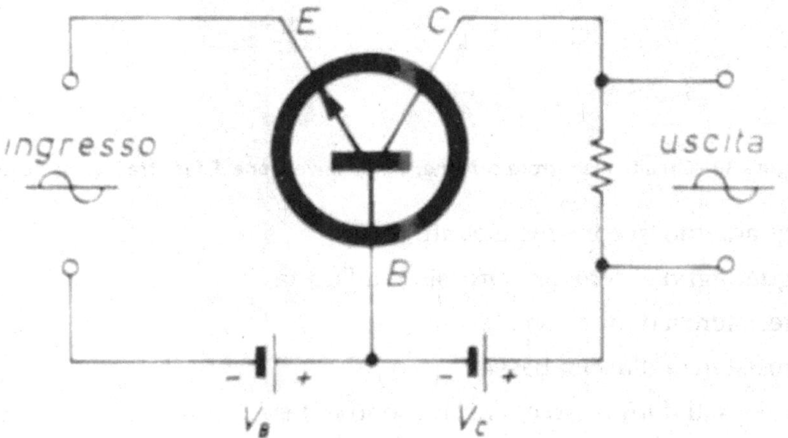


**Figura 29 - circuito a base comune**

- guadagno in corrente $h_{fb}$ leggermente inferiore all'unità
- guadagno in tensione elevato
- resistenza d'ingresso molto bassa
- resistenza d'uscita molto alta
- i segnali d'ingresso e d'uscita sono in fase

**Circuito a emittore comune:**

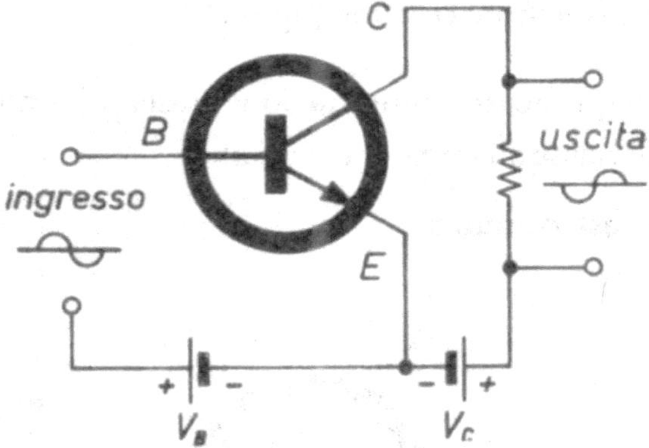


**Figura 30 - Circuito a emittore comune. Si noti linversione di fase tra ingresso e uscita**

- guadagno in corrente elevato ($h_{fb}$)
- guadagno in tensione prossimo all'unità
- resistenza d'ingresso elevata
- resistenza d'uscita bassa
- i segnali d'ingresso e d'uscita sono in fase

**Circuito a collettore comune:**

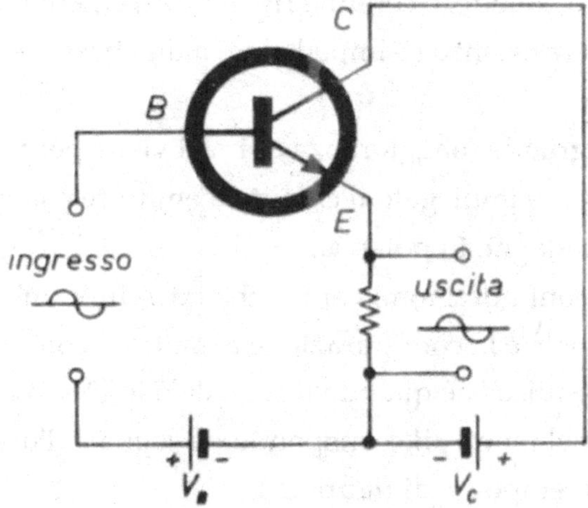


Figura 31 - Circuito a collettore comune.

- guadagno in corrente elevato (= $h_{fe}$ + 1):
- guadagno in tensione prossimo all'unità;
- resistenza d'ingresso elevata;
- resistenza d'uscita bassa;
- i segnali d'ingresso e d'uscita sono in fase.

Consegue che solo il circuito a emittore comune presenta sia un elevato guadagno in corrente sia un elevato guadagno in tensione e quindi il più alto guadagno in potenza. Inoltre, è possibile accoppiare direttamente più stadi in cascata a emittore comune ottenendo un guadagno in potenza accettabile considerati i valori delle resistenze d'uscita e d'ingresso.

Il circuito a base comune può riuscire conveniente per accoppiare un circuito a bassa resistenza (o impedenza) con un circuito a elevata resistenza (o impedenza).

Il circuito a collettore comune risulta conveniente nel passare da una elevata resistenza (o impedenza) a una bassa resistenza (o impedenza).

Nella stragrande maggioranza dei casi viene però vantaggiosamente impiegato il circuito a emittore comune per il suo elevato guadagno in potenza.

Tra le tre configurazioni, l'unica che introduce un'inversione di fase del segnale è la configurazione a emittore comune.

Questo significa che quando il segnale d'ingresso è così fatto da «crescere» nel tempo, il corrispondente segnale d'uscita «decresce» nel tempo (vedi figura 29).

Per certe applicazioni questo particolare può essere vantaggioso, in altre no.

Bisognerà perciò tenere presente anche questo fatto nella scelta di una delle tre configurazioni fondamentali.

# TRANSISTORE BIGIUNZIONE COME ELEMENTO DI CIRCUITO

## *Correnti e tensioni nei transistor NPN e PNP*

Come abbiamo visto nel capitolo precedente i transistori a giunzione si dividono nelle due famiglie NPN e PNP a secondo della loro costituzione interna.

Dal punto di vista delle tensioni applicate ai morsetti del transistore e delle correnti che vi fluiscono, le due famiglie NPN e PNP, si differenziano per il senso delle correnti e le polarità delle tensioni applicate. Precisamente le due famiglie sono «complementari» per quanto riguarda sia correnti sia tensioni.

Se una corrente fluisce in un senso nel transistore della famiglia NPN, questa stessa corrente fluisce in senso opposto nel transistore della famiglia PNP.

Allo stesso modo sono complementari le polarità delle tensioni applicate. In figura sono indicati gli andamenti delle correnti e le polarità delle tensioni nei due casi.

Si ricorda ancora che convenzionalmente si considera positivo il senso della corrente che va dal segno positivo al segno negativo all'esterno del generatore (batteria).

Come regola mnemonica si ricordi che la freccetta sull'emittore del simbolo del transistore indica proprio il senso convenzionale della corrente di emittore nei due casi NPN e PNP.

Una osservazione di carattere analitico risulta subito dalla figura 1.

Infatti, poiché nel transistore non possono «crearsi» correnti elettriche, la somma delle correnti che entrano nel transistore deve essere uguale alla somma delle correnti che escono dal transistore.

Con riferimento al transistore della famiglia NPN (figura 1) si ha:

$I_C$ = corrente entrante
$I_B$ = corrente entrante
$I_E$ = corrente uscente

quindi risulta subito:

$$(1) \qquad I_C + I_B = I_E \, .$$

Per il transistore della famiglia PNP si ottiene un'identica equazione ripetendo il medesimo ragionamento.

Osservando ancora la figura 1 si vede che per le tensioni applicate deve valere sia nel caso NP N e sia nel caso PNP la relazione:

$$(2) \qquad V_{CB} + V_{BE} = V_{CE} \, .$$

Le semplici equazioni (1) e (2) ora trovate sono da tenersi sempre presenti.

Dedotte qui con ragionamento indipendente esse risultano da principi molto generali detti «principi di Kirchoff».

Nel seguito ci riferiremo a transistori della famiglia NPN con la sottointesa considerazione che tutto varrà anche per transistori PNP avendo cura di invertire i sensi delle correnti e le polarità delle tensioni.

*famiglia PNP*

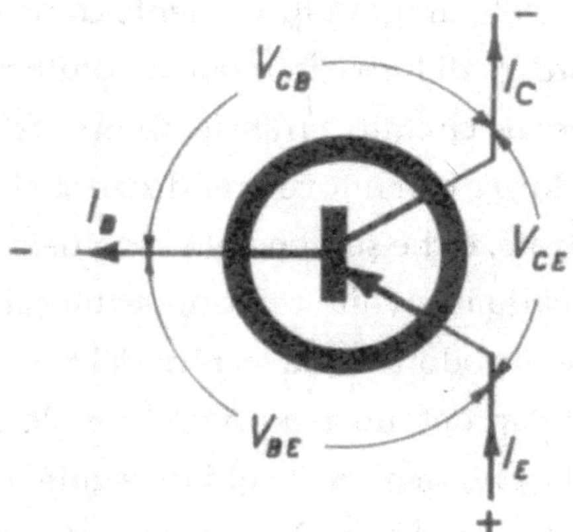


*famiglia NPN*

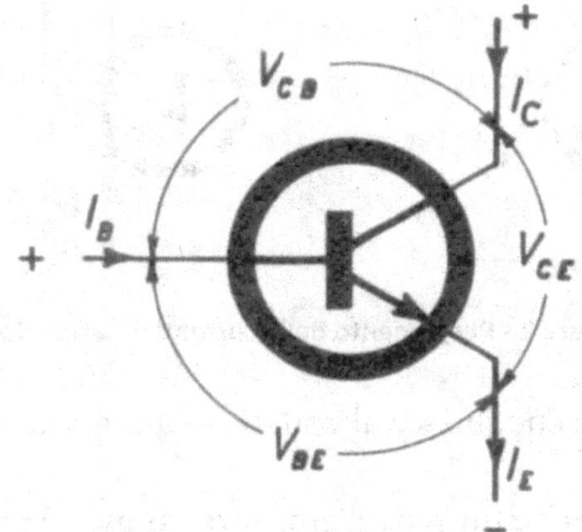


Figura 1 - Polarità delle tensioni e sensi delle correnti in transistore NPN e PNP

## *Correnti di saturazione*

Abbiamo visto nel paragrafo precedente come le tre correnti $I_C$, $I_B$ e $I_E$ siano legate fra di loro e in modo assolutamente generale.

In un normale circuito a transistori queste tre correnti sono legate e fra di loro e con nuove grandezze anche da altre relazioni, più oltre illustrate, e che servono al progettista di circuiti per definire sulla carta il circuito con opportuni calcoli.

Sono state introdotte nella tecnica dei transistori alcune correnti particolari definite nel primo capitolo al paragrafo 10; queste correnti sono richiamate qui di seguito e si riferiscono alle condizioni indicate in figura 2 che varrà meglio di ogni parola ad illustrarle.

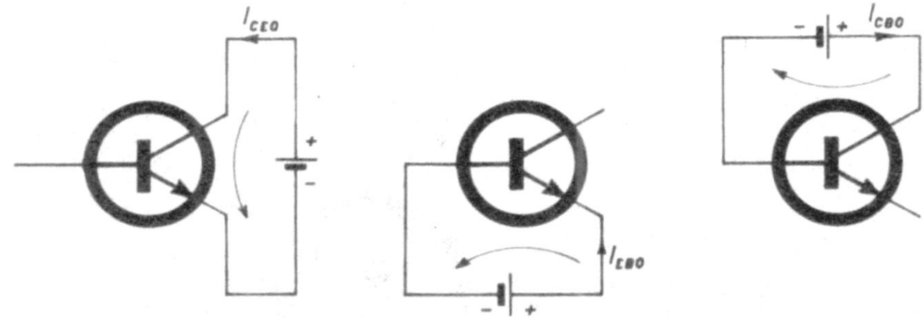


**Figura 2 - Rilevamento delle correnti di saturazione e Iceo**

$I_{CEO}$ = corrente che fluisce al collettore quanto $I_B$ =0;

$I_{EBO}$ = corrente che fluisce all'emittore quando $I_C$ = 0;

$I_{CBO}$ (o anche $I_{CO}$) = corrente che fluisce al collettore quando

$I_E$ = 0.

Le correnti $I_{EBO}$ e $I_{CBO}$, (dette di saturazione) e $I_{CEO}$ sono parametri tipici del particolare transistore considerato e vengono generalmente indicati dai costruttori come caratteristiche elettriche tipiche.

$I_{EBO}$ e $I_{CBO}$ sono «correnti inverse di saturazione» dei diodi di cui è composto il transistore e vengono misurate a una particolare tensione pure specificata, in generale, dal costruttore.

Per dare un'idea quantitativa si riportano i valori di queste correnti per due tipici transistori, uno al germanio e l'altro al silicio:

| Transistore al germanio | Transistore planare al silicio |
|---|---|
| $I_{CEO} = 150\mu A$ | $I_{CEO} = 20\ nA$ |
| $I_{EBO} = 4\mu A$ | $I_{EBO} = 2\ nA$ |
| $I_{CBO} = 5\mu A$ | $I_{CBO} = 1 nA$ |

Dalla tabella segue evidente che le correnti di saturazione in un transistore al germanio sono molto superiori di quelle di un transistore al silicio.

Questa, come noto dal primo capitolo, è una delle prerogative dei transistori al silicio; infatti, le correnti di saturazione, oltre che limitare la libertà di funzionamento d'un transistore, sono anche dannose per la loro forte dipendenza dalla temperatura. È quindi auspicabile, a parità di altri fattori, un loro basso valore.

## *Fattore di stabilità S*

Prima di procedere, occorre definire un importante parametro: «il fattore di stabilità S».

Il transistore per sua natura è un elemento sensibile alla temperatura per le ragioni spiegate nel capitolo precedente; le caratteristiche variano al variare della temperatura raggiunta dalle sue giunzioni.

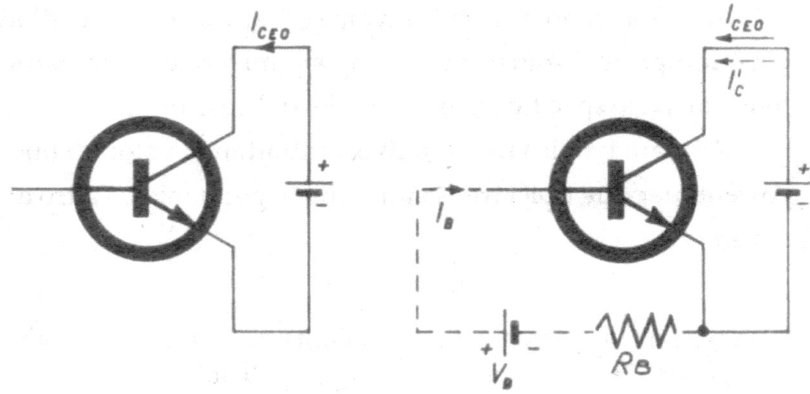


Figura 3

Una spiccata variabilità nei confronti della temperatura è presentata dalle correnti di saturazione.

In particolare, la corrente $I_{CO}$ si sovrappone alla corrente che si vuole imporre stabilmente al collettore del transistore e la sua forte dipendenza dalla temperatura rende dipendente dalla temperatura anche la totale corrente $I_C$ di collettore.

Per capire bene questo fatto si osservi la figura 3.

Nel primo caso al collettore del transistore fluisce la sola corrente di collettore $I_{CEO}$ provocata dalla temperatura: si avrà cioè:

$$I_C = I_{CEO} \quad (3)$$

e tutta la corrente di collettore $I_C$ sarà dipendente dalla temperatura.

Tenendo presente che la corrente $I_{CEO}$ è legata alla corrente $I_{CBO}$ dalla seguente relazione

$$I_{CEO} = (1 + h_{FE}) I_{CBO}$$

La (3) diventa:

$$(3)' \qquad I_C = (1 + h_{FE}) I_{CBO}$$

Passiamo ora al secondo caso di figura 3.

Qui è stato aggiunto un altro circuito (linea tratteggiata), grazie al quale nel collettore del transistore fluisce una nuova corrente $I'_C$ provocata dalla corrente $I_B$ di base.

Ma poiché al collettore fluisce anche la I(Fo, prima vista, si ha in totale:

$$(4) \qquad I_C = I'_C + I_{CEO} = I'_C + (1 + h_{FE}) I_{CBO}$$

Si osservi bene la (4). La corrente di collettore è qui data dalla somma dei seguenti due termini:

$I'_C$ dipendente dal circuito (batteria VR, resistenza RA)

$I_{CEO}$ dipendente dalla temperatura per il tramite di $I_{CBO}$.

Quindi, in ultima analisi e in generale, la corrente di collettore $I_C$ di un transistore in un qualsiasi circuito è influenzata (dipende) dalla temperatura per il tramite della corrente inversa di saturazione $I_{CBO}$.

Tutto ciò può essere espresso sinteticamente così:

$$(5) \qquad I_C = f(I_{CBO}) \quad e \quad I_{CBO} = g(T)\,.$$

Ossia $I_C$ = funzione di $I_{CO}$ e $I_{CBO}$ = funzione della tempera tura T.

È chiaro che in un circuito, tanto meno la corrente totale di collettore $I_C$, dipende dalla corrente $I_{CBO}$ e tanto più il circuito sarà termicamente stabile.

Bisognerà quindi, in sede di progetto, fare in modo che il circuito sia tale da rendere $I_C$ poco variabile al variare di $I_{CBO}$ ossia della temperatura.

$$(6) \qquad S = \frac{\Delta I_C}{\Delta I_{CBO}}$$

A tal fine si è definito convenientemente un fattore di stabilità S nel modo seguente:

Definizione: «Si dice fattore di stabilità S il rapporto tra la variazione $\Delta I_C$, della corrente di collettore e la variazione $\Delta I_{CBO}$, della corrente di base che l'ha provocata».

Si noti ancora che la variazione $\Delta I_{CBO}$ provocata da una variazione di temperatura e che perciò S rappresenta la stabilità nei confronti della temperatura.

Precisamente si ha:

per $S = 1 \rightarrow$ stabilità perfetta
per S molto grande $\rightarrow$ instabilità.

Normalmente si sceglie un fattore S di qualche unità per transistori di potenza, mentre per transistori di piccole potenze si può tollerare un S tra 10 e 20.

A titolo indicativo si può dire che:

S = 3 stabilità ottima

S = 10 stabilità buona

S = 50 stabilità scarsa

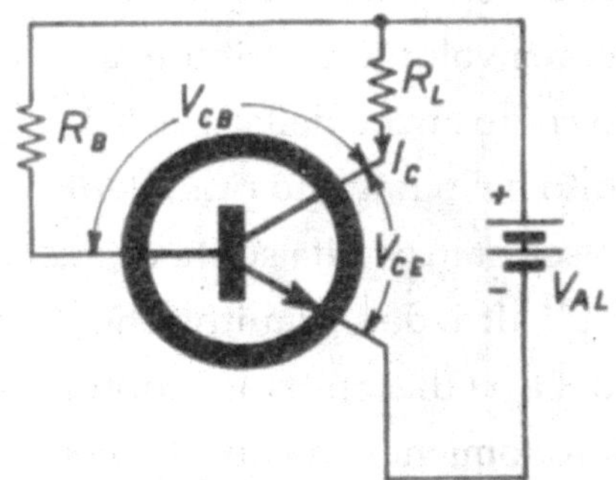


Equazioni di progetto:

$$R_B = \frac{h_{FE} \cdot V_{AL}}{I_C}$$

$$R_L = \frac{V_{AL} - V_{CE}}{I_C}$$

$$S = \frac{1}{1 - h_{FB}}$$

## *Reti Fondamentali di polarizzazione per circuiti a emittore comune*

Ci soffermeremo ora in particolare sul come progettare gli elementi di polarizzazione con semplice metodo analitico.

Ci soffermeremo pure sulle condizioni di stabilità termica.

In questo paragrafo adotteremo per la progettazione degli elementi di polarizzazione unicamente il metodo analitico. facendo appello a relazioni abbastanza semplici e tuttavia sufficientemente esatte per un pratico impiego.

Quando si deve realizzare un circuito elettrico con determinate caratteristiche si assegnano alcuni valori ai parametri che si desidera ottenere e quindi si progettano gli altri incogniti in funzione di quelli.

Poniamo ad esempio di voler costruire il primo stadio di un amplificatore a bassa frequenza; oltre ai dati relativi l'ampiezza di gamma, guadagno, ecc. si dovranno decidere anche le condizioni statiche di funzionamento.

In altre parole assegnare una certa tensione d'alimentazione $V_{AL}$, una certa conveniente corrente di collettore $I_C$ e quindi, scelto lo schema fondamentale, determinare i valori da attribuire ai resistori di polarizzazione tenendo conto anche della stabilità termica attraverso il fattore S definito nel paragrafo precedente.

Ora il compito più delicato sta senz'altro nella scelta di quei dati primitivi dai quali si ricavano gli altri, dati primitivi che presuppongono anche una scelta del tipo di transistore adottato e di altre condizioni (magari anche economiche); ma questa scelta non sarà possibile illustrarla appieno, in quanto dipende in gran parte dall'esperienza individuale.

In ciò che segue verrà illustrato come, poste alcune condizioni, si calcolano i valori incogniti della rete di polarizzazione.

Con l'espressione «reti di polarizzazione fondamentali» si intendono alcuni dei circuiti più impiegati nella tecnica del transistore e di cui le figure 4, 5 e 6 riportano la forma. Cominciamo dal circuito di figura 4.

Si tratta d'un transistore NPN con una resistenza $R_B$ che polarizza la base e un'altra $R_L$ che realizza il carico.

In genere, in fase di progetto, si fissa il punto di lavoro del transistore (cioè si fissa la corrente di collettore $I_C$ e la tensione fra collettore ed emittore $V_{CE}$) e quindi si calcolano le resistenze $R_B$ e $R_L$.

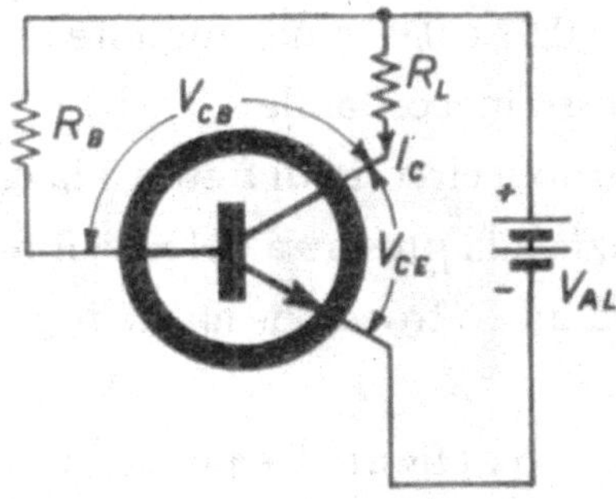


Equazioni di progetto:

$$R_B = \frac{h_{FE} \cdot V_{AL}}{I_C}$$

$$R_L = \frac{V_{AL} - V_{CE}}{I_C}$$

$$S = \frac{1}{1 - h_{FB}}$$

**Figura 4 - Primo tipo di polarizzazione.**

Nella tabella a fianco di figura 4 compaiono le semplici equazioni che consentono il calcolo sia di $R_B$ che di $R_L$. Logicamente si considera pure fissata la tensione d'alimentazione $V_{AL}$.

In sede di progetto si suole spesso assumere per $V_{CE}$ un valore pari a metà $V_{AL}$ e quindi il calcolo è presto fatto.

Dette equazioni sono approssimate per consentire un calcolo spedito, ma comunque sono più che sufficienti nella quasi totalità dei casi pratici.

Le principali ipotesi semplificative fatte sono le seguenti:

$$V_{CE} = V_{AL}/2$$

$$I_E = I_C$$

$I_{CBO}$ trascurabile rispetto $I_C$.

Compare poi una relazione che fornisce il valore del fattore di stabilità termica S.

È opportuno ricordare che tanto più S è prossimo all'unità tanto più il circuito è stabile (vedi paragrafo precedente).

Col circuito di figura 4 si vede subito che la stabilità è scarsa; infatti, $h_{FB}$ ([1]) ha valori compresi tra 0,97 e 0,99 e nel migliore dei casi si ha S = 50 che è un valore spesso inaccettabile.

Per questo motivo viene preferito il circuito di figura 5 la cui stabilità è senz'altro superiore, grazie alla presenza del resistore $R_C$, che, oltre a polarizzare, realizza una retroazione anche in corrente continua.

Il vantaggio essenziale del circuito di figura 5 è perciò la stabilità; però si nota che una volta fissato il punto di lavoro del transistore ($V_{CE}$ e $I_C$) resta fissato anche il valore del fattore di stabilità S che non può quindi essere scelto o abbassato a piacere.

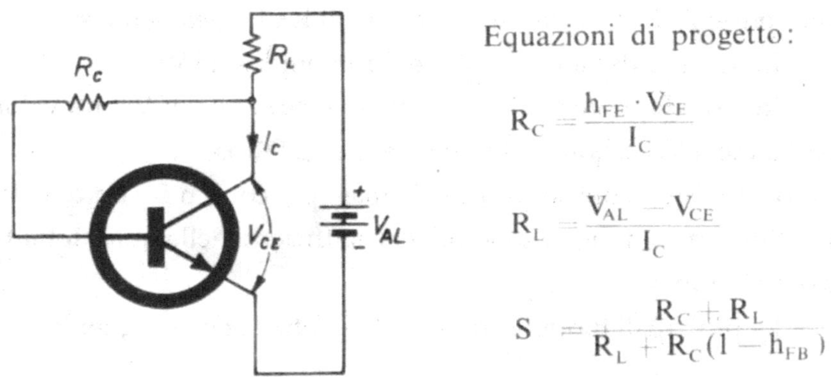


**Figura 5 - Secondo tipo di polarizzazione**

([1]) $h_{FB}$ è il guadagno in corrente continua a base comune. $h_{FE}$ è il guadagno in corrente continua a emittore comune. (Si veda capitolo I, paragrafi 10 e 11).

Anche per questo circuito, a fianco di figura 5, sono date le equazioni fondamentali di progetto con sufficiente grado d'approssimazione.

Infine, in figura 6 si ha uno degli schemi più usati con transistori per i suoi numerosi vantaggi e per la sua completezza.

Questo circuito impiega quattro resistori e la sua soluzione analitica esatta è notevolmente complessa. Dato però che a noi interessa giungere alla progettazione pratica e non a uno studio teorico del circuito, le equazioni di progetto approssimate riportate in figura 6 sono da ritenersi sufficienti.

I vantaggi di questo circuito sono principalmente due:

1) possibilità di prefissare un certo valore del fattore di stabilità S, indipendentemente dal punto di lavoro scelto;

2) corrente di collettore indipendente dalle caratteristiche del transistore.

L'utilità del punto 1) è evidente, un po' meno quella del punto 2). Si deve tenere presente, infatti, che i transistori sono prodotti con una notevole ampiezza di tolleranza nelle caratteristiche elettriche e in modo particolare il guadagno in corrente $h_{FE}$ può variare per uno stesso tipo di transistore in un rapporto da 1 a 3 e oltre.

Accade così che per i primi due circuiti, essendo la corrente $I_C$, di collettore direttamente proporzionale a $h_{FE}$ pur essendosi fissato in sede di progetto un certo valore di $I_C$, in pratica, con diversi transistori, si possono ottenere discostamenti in un rapporto da 1 a 3 della corrente di collettore voluta, con conseguenti gravi anomalie. Quindi, ove si voglia precisione e soprattutto per produzioni in serie si preferisce il circuito di figura 6.

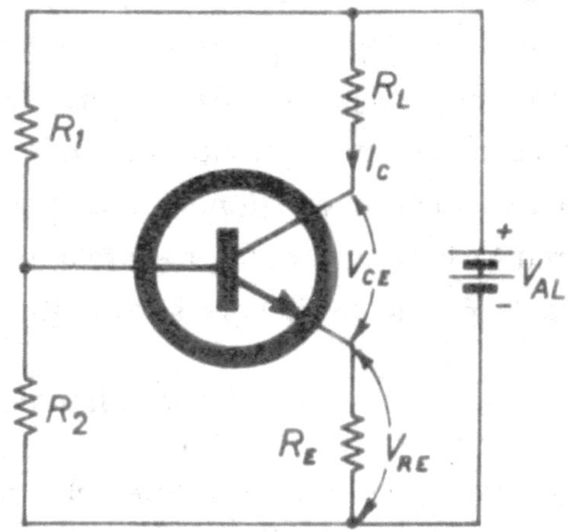


**Figura 6 - Terzo tipo di polarizzazione**

Equazioni di progetto per il circuito di fig. 6.

$$R_1 = \frac{R_2(V_{AL} - I_C R_E)}{R_E I_C}$$

$$R_2 = R_E \cdot S \qquad S = \frac{R_2 + R_E}{R_E + (1 - h_{FB})R_2}$$

$$R_L = \frac{V_{AL} - V_{CE}}{I_C} - R_E \qquad R = \frac{V_{RE}}{I_C} \quad \text{con} \quad V_{RE} = 1 \div 2V$$

Le equazioni di progetto per quest'ultimo circuito consentono il calcolo di $R_1$, $R_2$ e $R_E$, prefissato il punto di lavoro del transistore ($V_{CE}$, $I_C$), il fattore di stabilità S e il valore del resistore $R_E$.

Prefissare R E significa dosare la retroazione in corrente continua dello stadio, e in pratica si scelgono per $R_E$. valori che diano una caduta di tensione ai suoi capi di 1 o 2 volt (o anche meno per transistori di potenza).

Cioè si potrà calcolare $R_E$ con la semplice espressione riportata in figura 6. Si tenga presente che tale resistore dissipa potenza (come il carico $R_L$) e quindi occorrerà sempre non esagerare con il suo valore.

Con ciò le tre reti di polarizzazione fondamentali sono definite, almeno per ciò che riguarda le condizioni statiche di funzionamento.

## *Stadio d'uscita in classe A*

Gli stadi funzionanti in classe A fanno parte dei così detti «amplificatori di potenza» o per «segnali forti» e il loro impiego è diffusissimo.

Quando si realizza, ad esempio, un amplificatore BF per giradischi completamente a transistori si presentano più problemi e diverse soluzioni. Si stabilisce dapprima un certo numero di fattori che si desidera ottenere: massima potenza d'uscita, distorsione armonica massima, campo di frequenze da amplificare correttamente, guadagno di potenza totale e così via.

È però prima necessario stabilire quale tipo di circuito sia in grado di rendere verificate le condizioni richieste e quasi sempre tenendo in valido conto anche il fattore economia.

Uno tra i punti più delicati del problema è indubbiamente lo stadio finale, al quale sono da ascriversi, in generale, i principali pregi e difetti di tutto un complesso amplificatore.

Lo stadio finale, infatti, deve fornire tutta la potenza elettrica d'uscita richiesta all'amplificatore e funzionare quindi come amplificatore per «segnali forti».

Anche gli stadi precedenti, s'intende, presentano i loro problemi, ma possono venir considerati come amplificatori per «segnali deboli» e perciò si semplifica alquanto il loro studio.

È bene precisare cosa significhino le espressioni «amplificatore a segnali forti» e «amplificatori a segnali deboli»: con la prima locuzione si intende che una volta prefissato il punto di lavoro dello stadio amplificatore (fissata ad esempio la sua corrente di collettore $I_C$) il segnale d'ingresso è tale che la variazione del punto di lavoro da esso provocata non è trascurabile rispetto I. è cioè dello stesso ordine di $I_C$.

La seconda locuzione esprime il fatto che il segnale d'ingresso previsto è sempre tale da provocare variazioni trascurabili del punto di lavoro dello stadio.

Noi ci occuperemo di un particolare tipo di stadio amplificatore a segnali forti denominato sinteticamente con la sigla A (classe A).

## *Definizione della classe A*

La classe A è «quella configurazione circuitale in cui la polarizzazione di base e il segnale presente sulla base sono tali che la corrente di collettore fluisce ad ogni istante».

È implicito che consideriamo il circuito a emittore comune, essendo questo l'unico conveniente nella quasi totalità dei casi. Definiamo poi come rendimento dello stadio «il rapporto tra la potenza massima di segnale presente all'uscita e la potenza elettrica fornita dall'alimentazione».

Questo fattore è molto importante per circuiti a transistori che debbano essere alimentati in modo autonomo (batterie) poiché consente una valutazione della autonomia del complesso in funzione della massima potenza d'uscita richiesta, soprattutto se si considera che la maggior parte della potenza elettrica è appunto assorbita dallo stadio finale.

Generalmente si attribuisce alla classe A un massimo rendimento teorico del 50 % (n = 0,5).

Però è bene dire subito che questo è il massimo rendimento teorico di tutte le possibili classi A realizzabili ma che, dato, ad esempio, uno stadio

in classe A con carico puramente resistivo, il suo massimo rendimento teorico è di molto inferiore al nominato 50 %. come del resto vedremo meglio più oltre.

Si distinguono fondamentalmente due tipi di classe A in base al modo con cui il segnale viene utilizzato e cioè: la classe A con carico resistivo direttamente accoppiato e la classe A ad accoppiamento per trasformatore. A seconda che si abbia l'uno o l'altro tipo d'accoppiamento lo stadio opera in maniera diversa, e dovremo considerare separatamente i due casi, ritenendoli come limiti estremi di ciò che nella realtà si verifica.

## *Classe A con carico resistivo direttamente accoppiato*

Il circuito elettrico di uno stadio d'uscita in classe A a carico resistivo è riportato in figura 7.

La potenza d'uscita $P_U$ è utilizzata dal carico $R_L$ supposto puramente resistivo. In serie all'emittore si trova una resistenza di stabilizzazione $R_E$ con in parallelo un condensatore $C_E$. Supporremo che questo condensatore possieda una capacità sufficientemente elevata da cortocircuitare completamente il resistore $R_E$ per quanto riguarda la componente alternata (c.a.). In pratica $C_E$ risulterà un elettrolitico di elevata capacità.

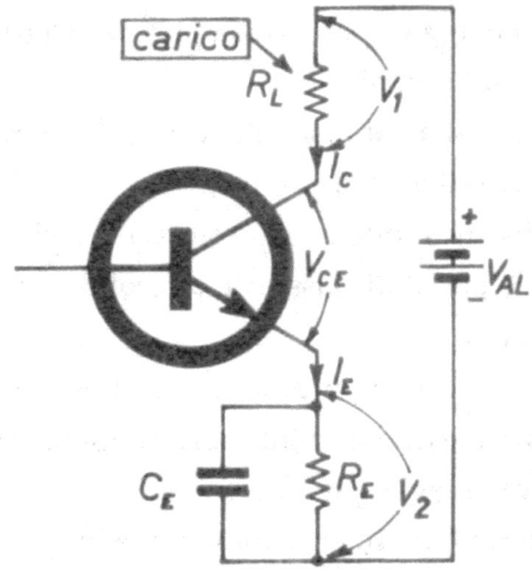


**Figura 7 - Classe A con carico resistivo.**

Vogliamo determinare la massima potenza d'uscita dello stadio $P_U$ la potenza media $P_{AL}$ fornita dall'alimentazione e il rendimento massimo n.

Noi supporremo che il segnale sia esattamente sinusoidale ottenendo con questo una notevole semplificazione analitica pur restando molto prossimi alla situazione reale.

Detto ciò, noto il circuito di figura 7, restano da tracciare le rette di carico dello stadio in questione e determinare su di esse il punto di lavoro optimum.

Diciamo rette e non retta, poiché ne esistono due che coincidono solo in casi particolari che vedremo.

Abbiamo detto, definendo la classe A, che sulla base del transistore devono essere presenti e un'opportuna polarizzazione e un opportuno segnale.

Ora polarizzare significa disporre lo stadio in modo che fluisca al suo collettore una ben determinata corrente continua (c.c.) e aggiungere alla base un segnale (supposto sinusoidale) significa sovrapporre alla corrente continua di collettore un'altra corrente alternata (c.a.).

In conclusione, il nostro stadio è soggetto alla sovrapposizione di due effetti: la corrente continua di polarizzazione e la corrente alternata di segnale.

Ma lo stadio non si comporta allo stesso modo per i due tipi di corrente.

Consideriamo perciò la caratteristica $I_C - V_{CE}$ del transistore (figura 8) e nel suo piano svolgiamo tutte le nostre considerazioni.

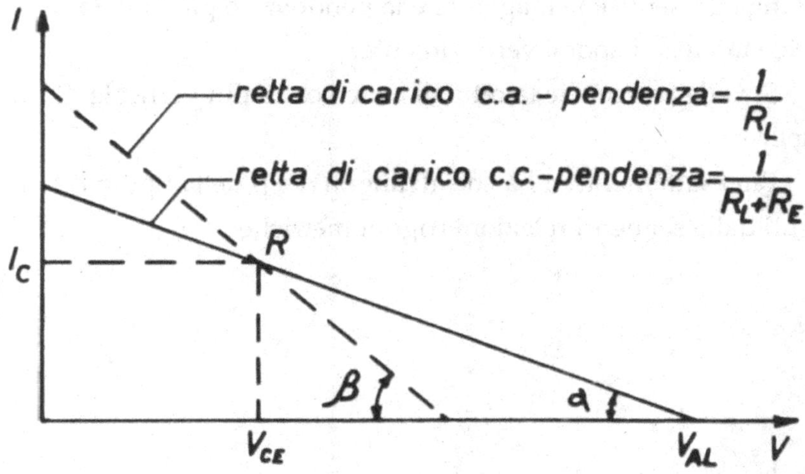


**Figura 8 - Retta di carico per classe A a carico resistivo.**

Tracceremo due rette di carico, l'una riferita al funzionamento in corrente continua e l'altra riferita al funzionamento in corrente alternata (figura 8).

La pendenza di una retta di carico è determinata dal valore resistivo del carico, e osservando la figura 7 si vede subito che per quanto riguarda la componente continua il carico è rappresentato da $R_L$ con in serie $R_E$, mentre per la componente alternata è solo $R_L$ ad agire, in quanto $R_E$ l'abbiamo supposta cortocircuitata da C. Risultano così le due rette di carico seguenti:

$$\text{per c.c. retta a pendenza} = \frac{1}{R_L + R_E}$$

$$\text{per c.a. retta a pendenza} = \frac{1}{R_L}$$

Si tenga presente che maggiore è la pendenza e più la retta di carico tende a disporsi verticalmente.

Si vede perciò che la retta di carico c.a. è più verticale di quella c.c.

Più esattamente si ha che gli angoli $\alpha$ e $\beta$ della figura 8 sono legati dalle seguenti relazioni trigonometriche:

$$\mathrm{tg}\,\alpha = \frac{1}{R_L + R_E}$$

$$\mathrm{tg}\,\beta = \frac{1}{R_L}$$

Nel diagramma di figura 8 l'asse orizzontale rappresenta le tensioni VCE e l'asse verticale rappresenta le correnti IC.

Le due rette di carico c.c. e c.a. si intersecano in un certo punto R.

Affinché lo stadio sia in grado di fornire la massima potenza d'uscita è necessario che questo punto cada a metà della retta di carico c.a.

Questa condizione di ottimizzazione dello stadio può essere scritta analiticamente nel modo seguente:

$$V_{CE} = I_C \cdot R_L \tag{7}$$

Ciò significa che in assenza di segnale il punto di lavoro deve trovarsi nella posizione intermedia R (punto a riposo).

Già a questo punto siamo in grado di trarre un'interessante conclusione: se conosciamo la tensione $V_{CE}$ presente tra collettore ed emittore e la corrente $I_C$, che scorre al collettore, potremo determinare la resistenza di carico $R_L$ optimum. Ma per una più chiara visione del problema sarà meglio proseguire.

Supposto che sia verificata la condizione (7), la massima potenza di segnale che lo stadio è in grado di erogare al carico (massima potenza d'uscita) è:

$$P_U = \frac{I_C^2}{2} R_L = \frac{1}{2} V_{CE} I_C \tag{8}$$

Questo valore della potenza d'uscita si ha quando sulla base del transistore è presente un segnale (sinusoidale) tale da far spostare il punto R di riposo simmetricamente lungo tutta la retta di carico c.a.

Si può qui vedere quanto sia giustificata la condizione di ottimizzazione (7). Se infatti il punto R a riposo non si trovasse al centro della retta di carico c.a. esso non potrebbe, col segnale, percorrere simmetricamente tutta la retta di carico c.a. risultandone una massima potenza d'uscita più bassa.

La potenza media fornita dall'alimentazione è ovviamente:

$$P_{AL} = V_{AL} \cdot I_C \qquad (9)$$

(se si trascura la piccola corrente dovuta alla rete di polarizzazione della base), e osservando lo schema in figura 7 si vede che è:

$$V_{AL} = V_2 + V_{CE} + V_1 = R_E I_C + V_{CE} + R_L I_C =$$

$$= R_L I_C + R_L I_C + R_L I_C = I_C(R_E + 2R_L) .$$

Premesso ciò, possiamo calcolare il rendimento n dello stadio come rapporto tra potenza d'alimentazione e potenza d'uscita. Cioè, dividendo la (8) per la (9):

$$n = \frac{P_U}{P_{AL}} = \frac{I_C^2/2 \cdot R_L}{V_{AL} \cdot I_C} = \frac{R_L}{2(2R_E + R_L)} \text{ (rendimento).} \qquad (10)$$

se ora supponiamo che $R_L$, sia molto maggiore di $R_E$ tanto da potersi trascurare $R_E$ nell'espressione (10) del rendimento otteniamo:

$$n = \frac{R_L}{2(2R_L)} = \frac{1}{4} = 0{,}25 \text{ o in percentuale, } n\,\% = 25\,\%$$

cioè il massimo rendimento teorico di uno stadio amplificatore in classe A concepito come in figura 7 è 25°/a. Esiste infine un'altra quantità la cui conoscenza è indispensabile; si tratta della potenza dissipata dal transistore che è data da:

$$P_C = V_{CE} I_C \tag{11}$$

Quindi in uno stadio in classe A funzionante in condizioni di optimum la potenza dissipata dal transistore è il doppio della massima potenza d'uscita.

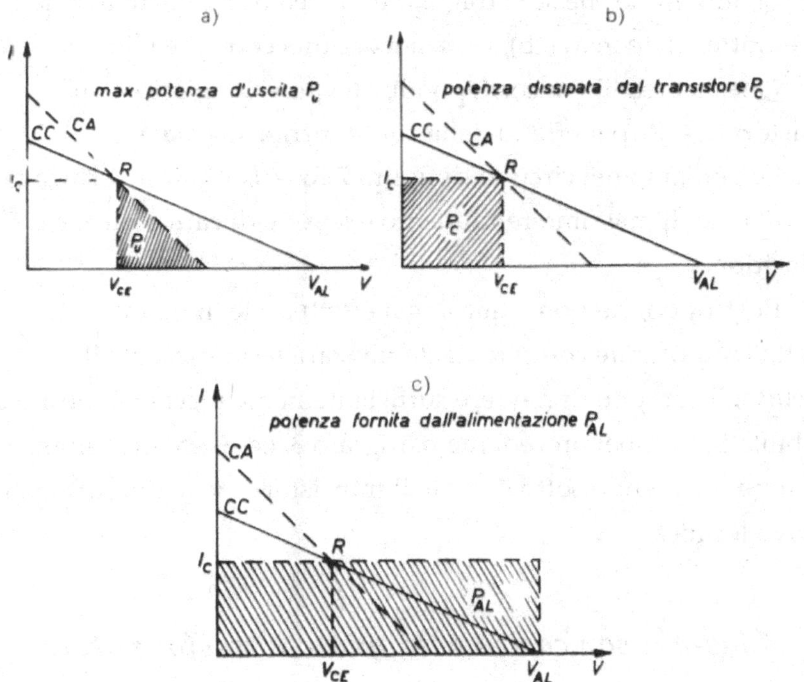


**Figura 9 - Potenze in gioco nello stadio in classe A a carico resistivo. Le aree trateggiate sono rappresentanti di potenze (watt)**

Per rendersi conto di come vada distribuita nel circuito la potenza fornita dall'alimentazione è molto utile considerare la questione da un punto di vista geometrico.

Si osservino i diagrammi in figura 9; in ognuno di essi è tratteggiata l'area corrispondente rispettivamente alla potenza massima d'uscita

$P_U$ alla potenza dissipata dal transistore $P_C$, e alla potenza fornita dall'alimentazione $P_{AL}$.

Il rendimento può vedersi come rapporto tra l'area tratteggiata in a) e l'area tratteggiata in c) di figura 9.

Si noti infine che se si tolgono dall'area tratteggiata in c) le aree tratteggiate in a) e b), resta ancora una certa area libera.

Questa area libera corrisponde alla potenza dissipata nei resistori $R_E$ e $R_L$ per effetto della componente alternata.

Se poniamo nel circuito di figura 7 $R_E = 0$, allora si verifica la condizione di massimo rendimento e le rette di carico c.a. e c.c. coincidono.

Purtroppo, ciò non è quasi mai effettuabile in quanto a $R_E$ spetta l'importante compito di stabilizzare termicamente il circuito, il compito di rendere sufficientemente piccolo il fattore di stabilità S visto nel precedente paragrafo 3, ed esiste un valore minimo scendendo sotto il quale il transistore viene distrutto per deriva termica.

## *Classe A con carico accoppiato a trasformatore*

In questo caso (figura 10) il carico resistivo $R_L$ è accoppiato all'uscita dello stadio per il tramite di un trasformatore di cui possiamo supporre nulla la resistenza del primario.

Questo vuol dire che il primario del trasformatore avrà influenza unicamente sulla componente alternata mentre per la componente continua equivarrà a un perfetto conduttore (induttore perfetto). Ora l'impedenza vista dal primario è data da:

$$R'_L = \left(\frac{n_1}{n_2}\right)^2 R_L$$

dove n, e n2 sono il numero delle spire del primario e del secondario del trasformatore rispettivamente, e il loro rapporto rappresenta il rapporto di trasformazione del trasformatore.

$R'_L$ è quindi analogo al carico $R_L$ visto precedentemente, solo che, mentre prima $R_L$ agiva e sulla componente continua e sulla componente alternata, questo nuovo $R'_L$ agisce *solo* sulla componente alternata.

Si possono così tracciare le due rette di carico di figura 11 osservando che in generale $R'_L$ è maggiore di $R_E$ e che quindi la pende della retta c.c. è maggiore della pendenza della retta c.a. Precisamente:

$$\operatorname{tg}\alpha = \frac{1}{R_E} \qquad \operatorname{tg}\beta = \frac{1}{R'_L}.$$

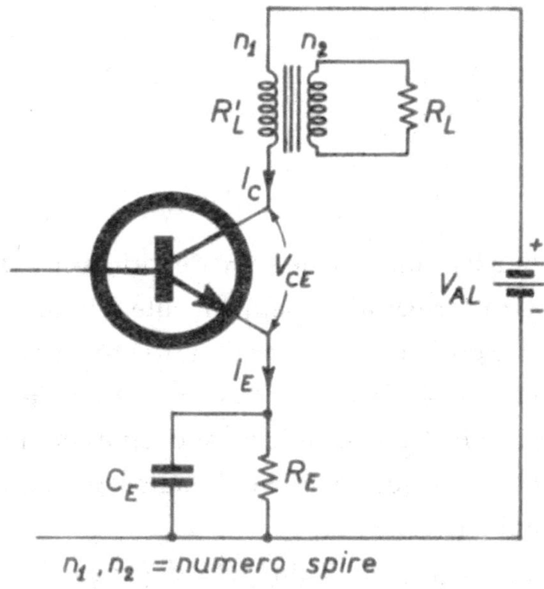


**Figura 10 - Classe A con carico accoppiato a trasformatore.**

La trattazione procede con perfetta analogia a quanto visto nel precedente paragrafo 5.b, e anche in questo caso si ha come condizione di ottimizzazione che il punto di riposo R cada al centro della retta di carico c.a. Cioè:

(12) $$V_{CE} = I_C \cdot R'_L$$

La massima potenza d'uscita è data da:

(13) $$P_U = \frac{I_C^2}{2} R'_L = \frac{1}{2} V_{CE} I_C$$

mentre la potenza media fornita dall'alimentazione risulta:

(14) $$P_{AL} = V_{AL} I_C$$

Dove osservando lo schema di figura 10, ricordando che supponiamo $I_C = I_E$ e per la (12) si ha:

$$V_{AL} = V_{CE} + I_C R_E = I_C R'_L + I_C R_E = I_C (R'_L + R_E) .$$

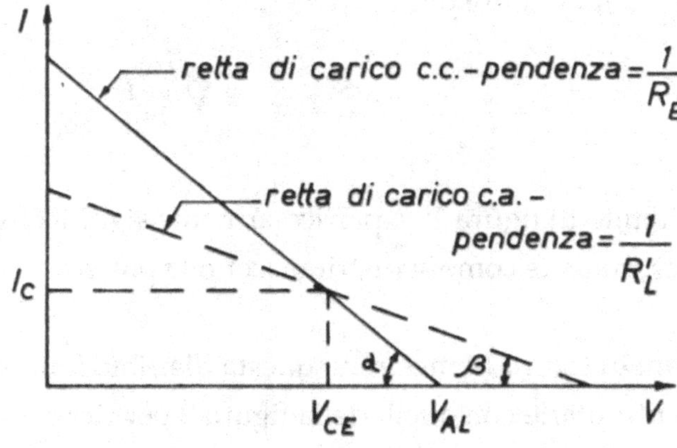


**Figura 11 - Rette di carico per classe A con carico accoppiato a trasformatore**

Si può quindi agevolmente calcolare il rendimento dello stadio con accoppiamento a trasformatore, che risulta:

$$(15) \qquad n = \frac{P_U}{P_{AL}} = \frac{\frac{I_C^2}{2} R'_L}{I_C^2 (R'_L + R_E)} = \frac{R'_L}{2(R'_L + R_E)}$$

e se si suppone che $R_E$ sia di valore trascurabile rispetto $R'_L$ si ottiene:

$$n = \frac{R'_L}{2R'_L} = \frac{1}{2} = 0,5$$

ossia, in percentuale, $n\,\% = 50\,\%$.

Si è così trovato che il massimo rendimento teorico di uno stadio in classe A con uscita accoppiata a trasformatore è 50%; il doppio quindi del caso d'accoppiamento resistivo. La potenza dissipata dal transistore è data sempre da:

$$(16) \qquad P_C = V_{CE}\, I_C .$$

Anche per il circuito di figura 10 è particolarmente significativo vedere geometricamente come si distribuiscono le potenze elettriche.

I diagrammi di figura 12 mostrano questa distribuzione, ed è interessante confrontarle con quelli della figura 9 per ricavarne un'idea d'insieme.

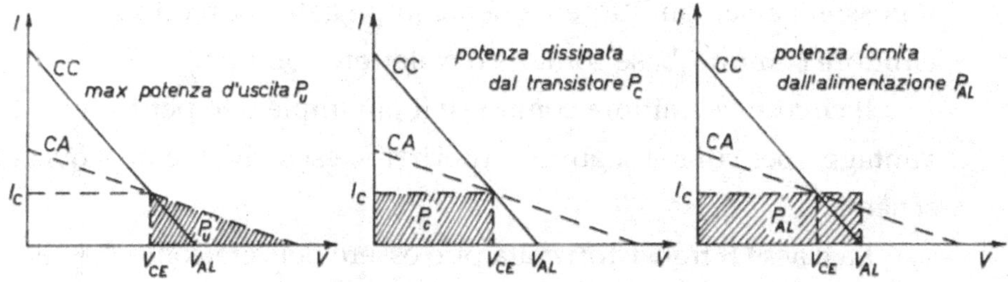


**Figura 12 - Potenze in gioco nello stadio in classe A a carico accoppiato con trasformatore. Le aree tratteggiate sono rappresentative di potenze (watt)**

Si noti come il rapporto tra l'area dei diagrammi $P_L$ e $P_{AL}$ di figura 12 sia maggiore del medesimo rapporto visto nella figura 9, fatto che mette in evidenza come il rendimento di uno stadio ad accoppiamento per trasformatore sia maggiore del rendimento d'uno stadio ad accoppiamento diretto.

Può sorgere la domanda se sia possibile eliminare in questo caso la resistenza $R_E$ in serie all'emittore del transistore. Anche qui la risposta è quasi sempre negativa, essendo ad essa dovuto l'importante compito di rendere stabile lo stadio (cioè basso il fattore di stabilità S).

## *Stadio d'uscita in classe B*

Nel paragrafo 5 abbiamo trattato per esteso gli stadi d'uscita in classe A, soffermandoci su due configurazioni fondamentali e sulle relative caratteristiche essenziali.

Indubbiamente l'argomento della classe A è di importanza fondamentale, tuttavia, se si dovesse fare una statistica certamente ne risulterebbe che gli stadi d'uscita in classe B non sono meno usati. Come per la classe A, i due transistori necessari per la classe

B possono essere indifferentemente impiegati in circuito a emittore comune, base comune o collettore comune.

Il circuito a emittore comune è il più impiegato per i suoi vantaggi, per cui nel seguito ci riferiremo esclusivamente a questo schema.

La classe B transistorizzata può essere definita come «quella configurazione circuitale in cui due transistori sono così polarizzati che in assenza di segnale la corrente di collettore è nulla (o quasi nulla)».

Un modo diverso di esprimere la stessa cosa è la seguente: «in classe B ciascun transistore conduce per solo 180°, e quindi amplifica solo metà del periodo d'ingresso».

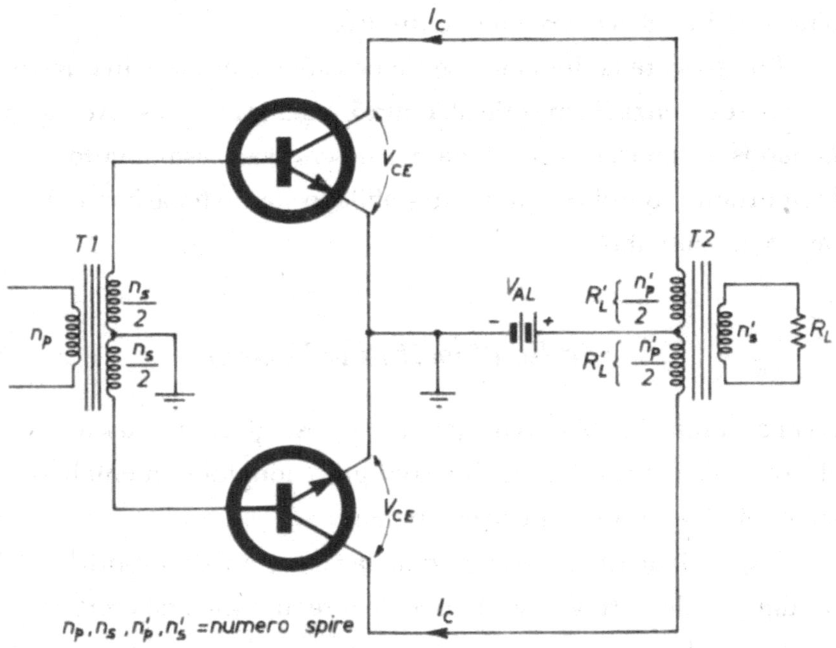


**Figura 13 - Classe B con emittori a massa**

Questa definizione ci dice che a riposo i transistori si trovano in regime d'interdizione o prossimi a tale condizione per cui un'amplificazione corretta d'un completo segnale sinusoidale (3600) si avrà solo mediante un opportuno artificio.

Contemporaneamente però i transistori funzionano con correnti a riposo nulle (o quasi) risultandone una bassa dissipazione d'energia e quindi un alto rendimento.

Vediamo di chiarire meglio questo vitale punto della classe B. In figura 13 è riportato lo schema fondamentale di uno stadio d'uscita in classe B transistorizzato.

Le basi dei due transistori sono prive di polarizzazione e in assenza di segnale le correnti di base $I_B$ e le correnti di collettore l3 sono nulle a meno della corrente di fuga $I_{CEO}$.

Questo solo nel caso teorico: vedremo poi come in pratica si renda necessaria una piccola polarizzazione per motivi di distorsione.

Ora, sezioniamo la classe B di figura 13 con una linea orizzontale: in altre parole consideriamo la metà superiore del circuito come indicato nella figura 14.

Ne otteniamo uno stadio d'uscita servito da un solo transistore che assomiglia in un certo qual modo a uno stadio in classe A. Qui però si ha l'importante differenza che la base non è in alcun modo polarizzata. Questo stadio ha all'ingresso metà dell'avvolgimento secondario di T, e all'uscita metà dell'avvolgimento primario di T2.

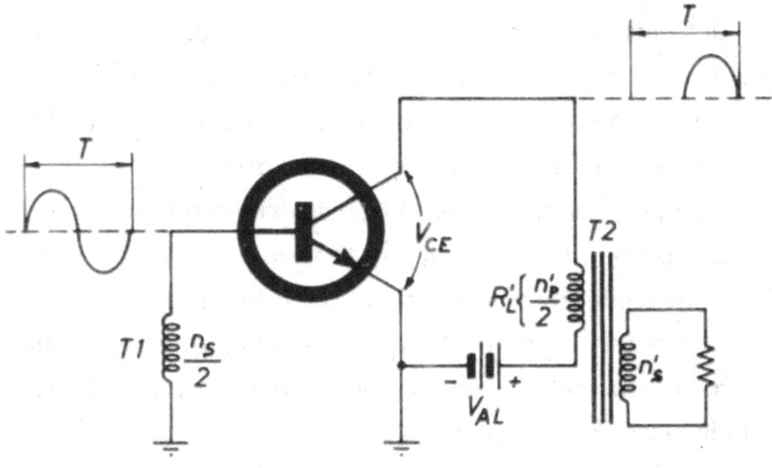


**Figura 14 - Mezza classe B**

Supponiamo ora che giunga alla base del transistore un segnale sinusoidale attraverso il trasformatore $T_1$, e più precisamente un periodo completo T (figura 14).

La seconda metà del ciclo sinusoidale è tale da far aumentare la corrente di collettore $I_C$, del transistore, cosicché questa seconda metà di ciclo viene amplificata e si presenta all'uscita come illustrato in figura 14. Diversamente la prima metà del ciclo è tale da far diminuire la corrente $I_C$ (di collettore, ma il transistore si trova in interdizione (cioè con $I_C$, già nulla) per cui questa prima metà non viene amplificata.

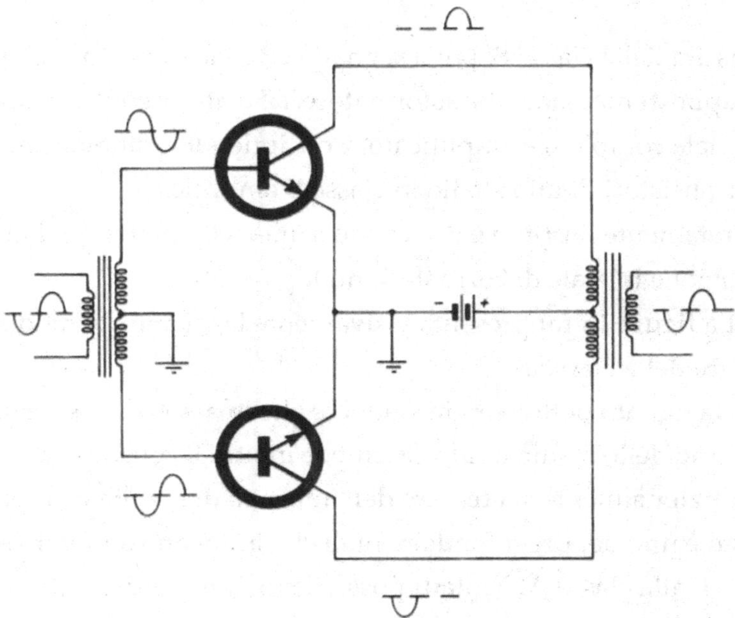

Figura 15 - Andamento del segnale amplificato

Abbiamo così che il primo transistore del circuito di figura 13 amplifica la sola seconda metà del ciclo sinusoidale completo.

Ma nello stadio in classe B è presente un secondo transistore ed evidentemente a questo toccherà d'amplificare la prima metà del ciclo: vediamo come.

All'ingresso dello stadio in classe B è presente un trasformatore con secondario a presa centrale T3; questo trasformatore ha la proprietà di fornire alle due basi dei transistori segnali sfasati di 180°; cioè quel semi-ciclo che per il primo transistore era secondo in ordine di tempo per l'altro transistore è primo.

E perciò, mentre il primo transistore non è in grado di amplificare il primo ciclo del segnale, questo primo ciclo viene amplificato dall'altro transistore.

All'uscita della classe B, poi, i segnali vengono opportunamente sovrapposti mediante il trasformatore TZ e al carico R, si presenta il segnale completo e amplificato. Concludendo e sintetizzando, i due transistori di uno stadio in classe B amplificano separatamente il primo e il secondo semi-ciclo, partendo dalla condizione iniziale di corrente 1, nulla.

La figura 15 rappresenta visivamente l'insieme del modo di operare della classe B.

Da quanto detto scende evidente che in assenza di segnale il consumo dello stadio è ridottissimo, e inoltre il consumo cresce proporzionalmente al crescere dell'intensità del segnale; appunto questo è uno dei pregi fondamentali che inducono a preferire la classe B alla classe A; è infatti possibile toccare rendimenti elevatissimi con un massimo teorico di 78,5 %.

A ciò si aggiunge poi l'elevata potenza d'uscita conseguibile grazie alla bassa dissipazione cui sono soggetti i transistori.

## *Principali espressioni analitiche relative la classe B*

Per uno stadio in classe B si giunge alle seguenti relazioni (con riferimento alla figura 13):

(14) Massima potenza d'uscita: $P_U = \frac{V_{AL}^2}{2R'_L}$ [watt]

dove $R'_L$ è l'impedenza che un transistore vede alla sua uscita e che, per effetto del trasformatore $T_2$, è data da:

$$R'_L = \frac{1}{4}\left(\frac{n'_p}{n'_s}\right)^2 R_L \quad \text{[ohm]}$$

Potenza media fornita dall'alimentazione:

(15) $$P_{AL} = \frac{2V_{AL}^2}{\pi R'_L} = \frac{4}{\pi} P_U \quad \text{[watt]}$$

ossia approssimativamente:

$$P_{AL} = 1{,}273\ P_U$$

Massimo rendimento teorico:

(16) $$n = \frac{P_U}{P_{AL}} = \frac{\pi}{4} = 0{,}785$$

ossia, in percentuale, $n\% = 78{,}5\%$.

Tutti questi dati essenziali riescono di particolare utilità sia per progettare nuovi circuiti, sia per verifiche, in quanto consentono valutazioni precise sui principali parametri del circuito.

Si noti ancora l'elevatissimo rendimento conseguibile, che in pratica è agevole mantenere tra 70 e 75%.

## *Distorsioni tipiche della classe B*

Alla classe B s'associano due particolari tipi di distorsioni dovuti alla forma del circuito in controfase.

La prima è conseguenza delle inevitabili differenze nelle caratteristiche elettriche dei due transistori impiegati. Queste differenze (soprattutto nei guadagni in corrente $h_{FE}$) producono all'uscita distorsione di tipo armonico, evitabile solo con la scelta oculata di coppie selezionate di transistori. In genere con le apposite coppie messe in commercio quest'inconveniente è per la massima parte evitato.

II secondo tipo di distorsione è peculiare del modo di operare dei transistori in questo circuito, ed è detta «distorsione d'incrocio» (in inglese «cross-over distortion»).

Questa è dovuta alla variazione della resistenza d'emittore al variare della corrente d'emittore e tale variazione è tanto più pronunciata quanto più vicino a zero è la corrente d'emittore.

In altre parole, la massima distorsione d'incrocio si ha nel caso di assenza di polarizzazione.

Un segnale affetto da distorsione d'incrocio si presenta come in figura 16, dove la linea tratteggiata rappresenta il segnale sinusoidale indistorto.

Per evitare o almeno attenuare la distorsione d'incrocio si rende necessario aggiungere al circuir teorico di figura 13 un'opportuna rete di polarizzazione. lii genere si impiega un semplice circuito come indicato in figura 17, dove le resistenze $R_1$ e $R_2$ provvedono a dare un potenziale leggermente negativo alle basi rispetto agli emittori.

Con questo (ed eventualmente regolando $R_2$) si elimina quasi totalmente la distorsione ad incrocio.

Va osservato però, che con l'aumentare della corrente di base (e di emittore) diminuisce la detta distorsione, ma aumenta anche la dissipazione nei transistori e si abbassa il rendimento del circuito; in genere si raggiunge un compromesso tra distorsione d'incrocio e rendimento.

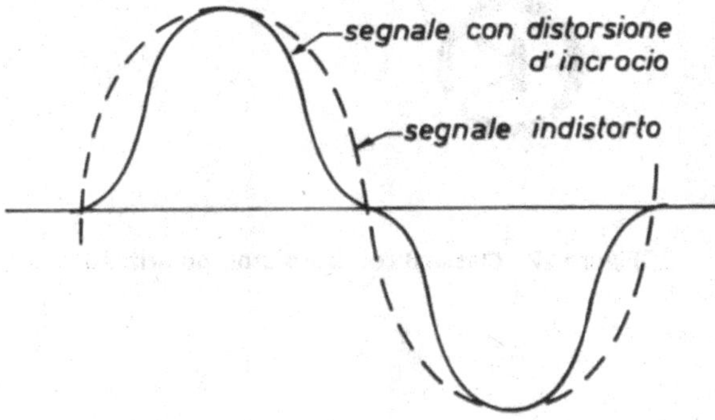


**Figura 16 - Distorsione d'incrocio**

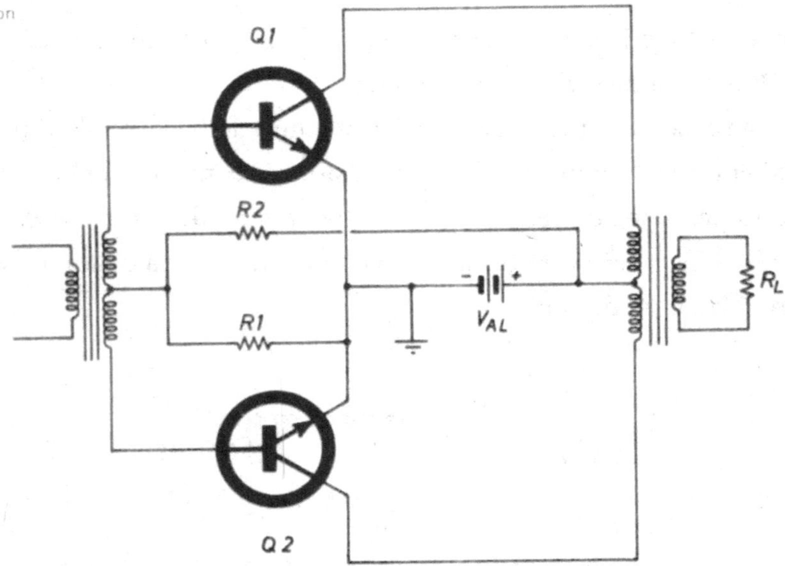


**Figura 17 - Classe B con transistori polarizzati**

Per avere un ordine d'idea, uno stadio in classe B di piccola potenza (500 mW) richiede una polarizzazione tale che provochi ai collettori dei due transistori una corrente da 1 a 3 mA. Per elevate potenze ($P_U$= 10 W) si può giungere a correnti di collettore a riposo di qualche decina di mA

## *Retta di carico dello stadio di classe B*

La retta di carico per un transistore polarizzato come in figura 17 si presenta nella forma data in figura 18, dove R rappresenta il punto di lavoro del transistore a riposo, cioè privo di segnali.

Quando questo transistore amplifica il suo semi-ciclo, il punto R si sposta salendo sulla retta di carico.

Unendo la retta di carico del primo transistore, alla seconda dell'altro transistore ruotata di 180°, si ottiene la retta di carico completa dello stadio in classe B (figura 19).

Qui si avranno due punti R a riposo, l'uno per il transistore $Q_1$, l'altro per il transistore $Q_2$.

Questi due punti a riposo coincidono solo nel caso teorico in cui non vi siano polarizzazioni di base e si verrebbero a trovare sull'asse delle tensioni $V_{CE}$.

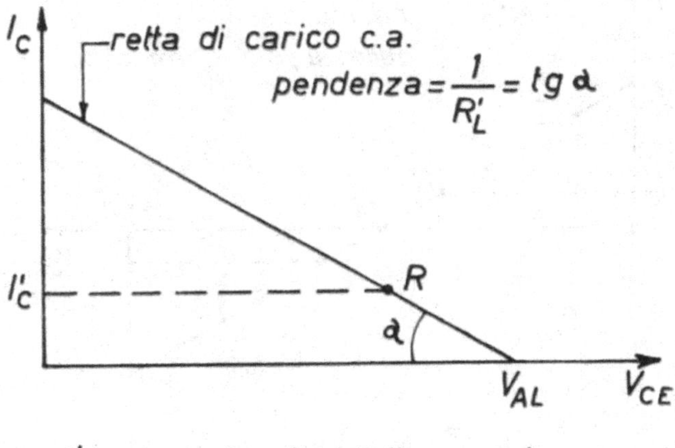


**Figura 18 - Retta di carico parziale**

Allorché viene amplificato un segnale sinusoidale nel primo semi-ciclo lavora (per esempio) $Q_1$ e si sposta il punto R relativo a $Q_1$

alzandosi lungo la retta di carico; nel secondo semi-ciclo lavora $Q_2$ e il suo punto R si sposta scendendo lungo la retta di carico, mentre l'altro resta fisso.

Come nel paragrafo precedente, si possono rappresentare geometricamente nel piano $V_{CE}$ – $I_C$ le potenze in gioco nello stadio in classe B e in figura 20 sono appunto indicate le aree corrispondenti alla potenza d'uscita $P_U$, e alla potenza d'alimentazione $P_{AL}$.

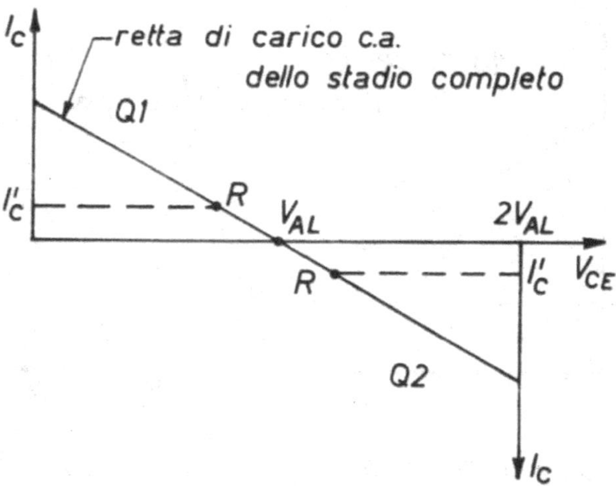


**Figura 19 - Retta di carico complessiva dello stadio in classe**

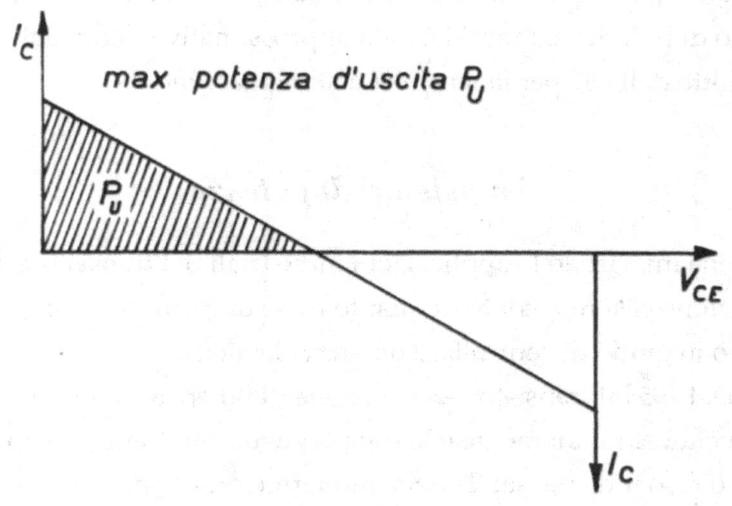


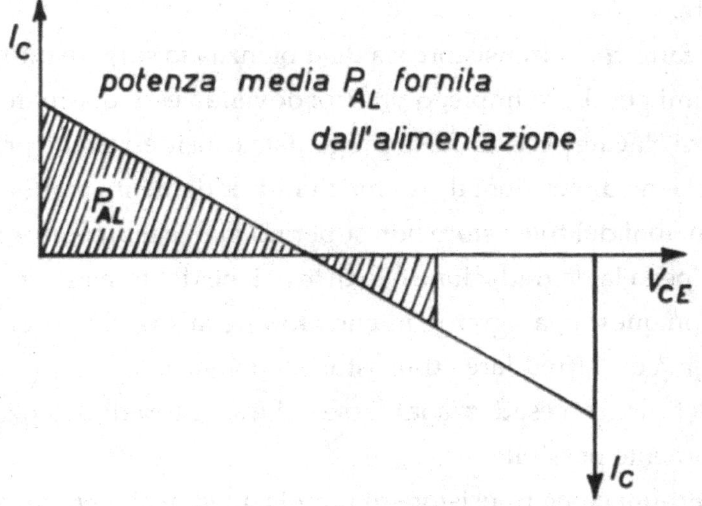


**Figura 20 - Potenza in gioco nello stadio in classe B.**

La potenza totale dissipata a riposo da un transistore dipende dal grado di polarizzazione ed è data approssimativamente dal prodotto della $I_C$, per la tensione d'alimentazione $V_{AL}$.

## *Transistori di potenza*

Appena iniziarono le applicazioni industriali del transistore a giunzione ci si rese conto di quanto fosse utile un dispositivo solido in grado di controllare potenze elevate.

Dal 1954 il transistore a giunzione di potenza è andato evolvendosi rapidamente e le sue pregevoli caratteristiche lo hanno reso indispensabile nella moderna industria.

Oggi sono normali transistori in grado di dissipare centinaia di watt con correnti che, in alcuni tipi speciali, superano i 100 ampère.

Il fatto che il transistore sia di «potenza» fa sorgere nuovi problemi per il suo impiego pratico: dovendo esso dissipare potenze elevate occorre che il progettista consideri anche problemi termici e ne dimensioni il sistema di raffreddamento in modo che le giunzioni del transistore non superino mai le temperature limiti, pena la degradazione o la distruzione del transistore.

Con questo paragrafo s'intende fornire la soluzione del problema di raffreddare i transistori di potenza.

Definire con esattezza la classe dei transistori di potenza non è certamente possibile.

Termini come transistore di piccola, media, alta potenza sono vaghi e non consentono una netta separazione tra le diverse classi.

Possiamo tuttavia ritenere di potenza tutti quei transistori con dissipazione dell'ordine dei watt e a questi ci riferiremo nel seguito.

## *Dissipazione e raffreddamento*

In figura 21 sono riportati alcuni tipici involucri di transistori di potenza.

In genere da questi è possibile individuare l'ordine di grandezza della massima potenza dissipabile dal transistore, o almeno la sua classe d'appartenenza (media. alta potenza), poiché l'involucro è la causa prima del raffreddamento della giunzione di collettore.

Prima di procedere sarà opportuno precisare alcuni punti sulla struttura costruttiva dei transistori di potenze.

Come noto dal primo capitolo, due giunzioni costituiscono un transistore che per transistori di potenza devono essere particolarmente estese.

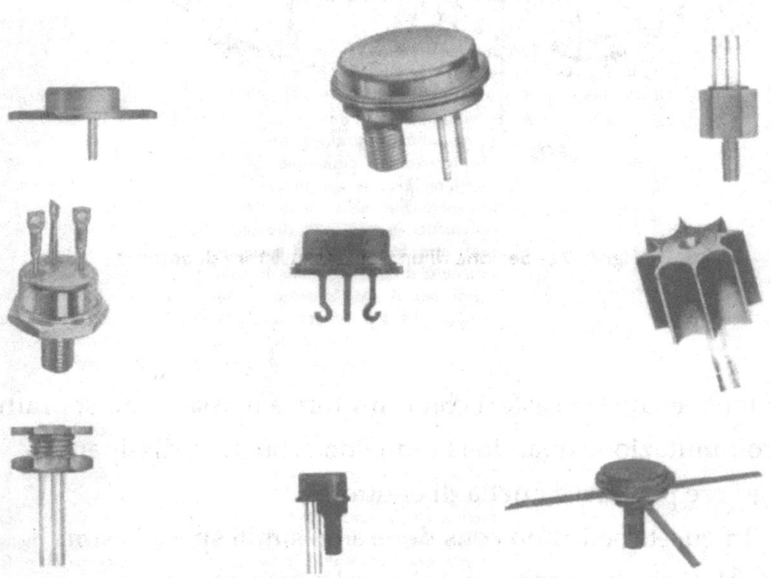

**Figura 21 - Tipici involucri di transistori di potenza**

La giunzione in cui si genera la massima potenza è quella di collettore e per tale motivo i transistori di potenza vengono costruiti con la zona di collettore direttamente saldata all'involucro metallico, di modo che il calore venga rapidamente asportato da questa giunzione.

In figura 22 è sezionato un transistore di potenza per mostrarne la struttura interna; si noti la zona di collettore direttamente saldata su una sporgenza dell'involucro metallico.

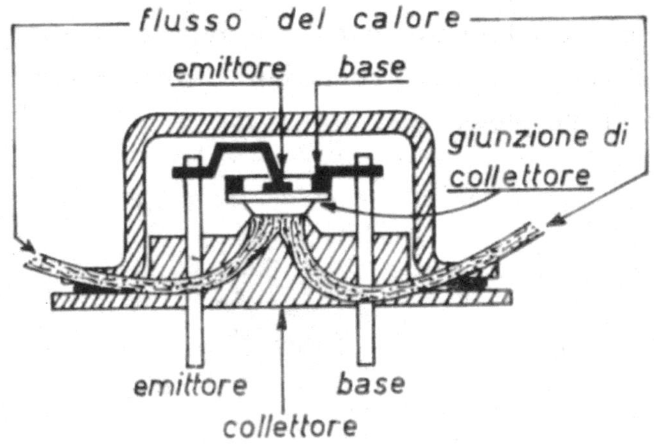


**Figura 22 - Sezione di un tipico transistore di potenza**

Esistono anche transistori con l'emittore a massa, usati soprattutto in commutazione quando la giunzione che deve dissipare la maggiore potenza è quella di emittore.

In questa sede non considereremo simili specialissimi esemplari che possono venir riguardati come eccezioni.

Per lo più quindi l'involucro viene ad avere la funzione di terminale di collettore, con la conseguenza di dover isolare o il transistore con rondelle di mica o tutti gli altri componenti da un'eventuale superficie metallica comune.

Il problema del raffreddamento, tanto sentito per i transistori di potenza, è diretta conseguenza della legge di Joule, per la quale in un conduttore percorso da corrente elettrica si sviluppa una quantità di calore proporzionale alla resistenza del conduttore e al quadrato dell'intensità di corrente. In altre parole, se un conduttore avente resistenza 1 ohm è percorso da una corrente di 1 ampère, in esso viene dissipata una potenza di: 1 W = 1 ohm* (1 A)$^2$ (pari a 0,24 cal/sec).

Se nel conduttore scorre una corrente di 2 ampère la potenza dissipata diviene di 4 watt pari a 0,96 cal/sec.

Il calore prodotto per effetto Joule innalza la temperatura del conduttore e se questo si deteriora al di sopra di una certa temperatura sarà necessario raffreddarlo oppure limitare la corrente per non superare la temperatura limite.

È ovvio che se si desidera far passare nel conduttore una elevatissima corrente, il raffreddamento diventa indispensabile.

Nel caso del transistore di potenza questo problema si acuisce e assume un ruolo di fondamentale importanza. Sappiamo infatti che le giunzioni hanno un limite ben definito di temperatura, superando il quale subiscono alterazioni irreversibili che alterano le caratteristiche elettriche della giunzione o la distruggono completamente.

E d'altra parte, ai transistori di potenza sono a volte richieste correnti di collettore e quindi dissipazioni nella giunzione di collettore molto elevate e si rendono indispensabili cure particolari nel raffreddamento.

Infatti, il calore generato per effetto Joule nella giunzione di collettore deve essere asportato per impedire che sia raggiunta la massima temperatura ammissibile (per transistori al germanio questa temperatura varia tra 80° e 120 °C e per transistori al silicio varia tra i 150° e 200 °C).

La dissipazione in questa giunzione è data semplicemente dal prodotto della tensione presente tra base e collettore e la corrente che scorre al collettore ($V_{CB} \times I_C$) ossia, ritenendo praticamente $V_{CB} = V_{CE}$:

$$(15) \qquad P_C = V_{CE} I_C$$

dove

$P_C$ = potenza dissipata dal transistore in watt
$I_C$ = corrente di collettore in ampère
$V_{CE}$ = tensione collettore-emittore in volt.

A questa potenza dissipata corrisponde un innalzamento della temperatura alla giunzione: e precisamente, la temperatura alla giunzione aumenta di una ben determinata quantità rispetto alla temperatura presente sull'involucro, avendosi alla giunzione:

$$(16) \qquad T_j = P_c \cdot K_j + T_i$$

dove

$T_j$ = temperatura alla giunzione in gradi centigradi
$P_c$ = come per la (15)

$K_j$ = resistenza termica tra giunzione e involucro in gradi centigradi per watt (dato fornito dal costruttore per ogni tipo di transistore)
$T_i$ = temperatura sull'involucro in gradi centigradi.

Ad esempio, se un transistore ASZ16 (di potenza, PNP) dissipa 10 W, e supponendo di mantenere l'involucro a una temperatura di

25 °C, essendo la sua $K_J$ di 1,2° C/W, si ottiene la reale temperatura alla giunzione:

$$T_j = 10 \cdot 1{,}2 + 25 = 37\ °C\ .$$

Di gran lunga inferiore alla massima temperatura ammissibile alla sua giunzione ($T_{Jmax}$ = 90 °C).

In pratica non è possibile mantenere l'involucro del transistore a 25°C, ma anche questo si riscalda più o meno a seconda del sistema di raffreddamento messo in atto.

Comunemente si suole fissare il transistore su di una superficie metallica con buona conducibilità termica (alluminio, rame) di modo che il suo riscaldamento venga limitato. L'estensione della superficie di raffreddamento è condizionata dalla dissipazione che si desidera realizzare e della temperatura massima dell'ambiente (aria).

La superficie della lastra metallica utilizzata opporrà una certa resistenza al passaggio del calore tra l'involucro e l'ambiente, resistenza termica che indicheremo con $K_S$ e che andrà aggiunta alla già vista resistenza termica del transistore $K_J$. La massima potenza dissipata è data dalla seguente relazione:

$$P_{c\,max} = \frac{T_{j\,max} - T_a}{K_j + K_s} \tag{17}$$

dove

$P_{c\,max}$ = massima potenza dissipata dal transistore in watt
$T_{j\,max}$ = massima temperatura alla giunzione in °C (dato di catalogo)
$T_a$ = temperatura ambiente in °C
$K_j$ = resistenza termica giunzione-involucro in °C/W (dato di catalogo)

$K_s$ = resistenza termica tra involucro e ambiente in °C/W (dipende dal tipo e dalle dimensioni della piastra prescelta).

Riprendendo l'esempio con ASZ16: se si suppone di raffreddarlo ponendolo su di una piastra di alluminio di 15 x 15 cm dello spessore di 1,5 mm, la resistenza termica tra involucro e ambiente è circa K = 4,5 °C/W ed essendo $K_J$ = 1,2 °C/W e $T_{JMAX}$ = 90 °C, la sua massima dissipazione ammissibile a una temperatura ambiente non superiore a 25 °C diventa:

$$P_{c\,max\;25\,°C} = \frac{90 - 25}{1{,}2 + 4{,}5} = 11{,}4 \text{ watt}$$

e se è prevista una tensione tra collettore ed emittore di 6 volt, la corrente di collettore dovrà mantenersi al di sotto dei 2 ampère per non danneggiare il transistore.

In pratica la maggiore difficoltà sta nella determinazione della resistenza termica della piastra di raffreddamento, o meglio la determinazione di quella piastra di raffreddamento che presenti un determinato $K_S$.

Nella tavola A sono dati alcuni valori molto indicativi, utili almeno per avere un ordine di grandezza sulle dimensioni necessarie.

In commercio esistono radiatori termici per transistori di potenza con resistenza termica K. ben definita; ma in genere questi sono previsti per potenze molto elevate e studiati in fogge particolari per rendere massimo l'effetto raffreddante mantenendo minime le dimensioni.

Per impieghi non particolarmente impegnativi e soprattutto economici, il loro uso riesce superfluo e la semplice piastra d'alluminio (o meglio di rame) opportunamente dimensionata può essere sufficiente.

Occorre precisare come i fattori che influenza la dissipazione di potenza da parte di un radiatore sono molti: ad esempio la piastra verticale annerita agisce molto meglio della piastra orizzontale naturale, la mobilità dell'aria è estremamente importante, ecc.

## TAVOLA A

(dimensioni piastre piane di raffreddamento)

*Valori indicativi*

| Alluminio spessore 3 mm Dimensioni della lastra (cm × cm) | K, Resistenza termica involucro-ambiente °C/W |
|---|---|
| 6 × 6 | 10 |
| 9 × 9 | 8 |
| 11 × 11 | 6 |
| 13 × 13 | 5 |
| 15 × 15 | 4,2 |
| 18 × 18 | 3,6 |
| 26 × 26 | 2,6 |

**Note: Per uno spessore di 1.5 mm incrementare le dimensioni del IO",,. 11 transistore deve essere montato al centro della piastra per le migliori condizioni di dissipazione**

Se un transistore di potenza dissipa una potenza superiore a quella minima consentita in aria libera è sempre necessario aggiungervi un radiatore.

E per determinare le dimensioni indicative della piastra si procede nel seguente modo: si stabilisce la massima temperatura a cui sarà soggetto tutto il complesso in funzionamento normale ($T_a$ = 30°C, 45°C ecc.), si stabilisce la massima dissipazione prevista e si calcola rapidamente la resistenza termica che deve esistere tra involucro e ambiente $K_s$ con la seguente formula:

$$(18) \qquad K_s = \frac{T_{j\,max} - T_a}{P_c} - K_J$$

dove i simboli hanno i significati già visti.

Noto $K_S$ dalla tavola A si deducono le dimensioni necessarie per la piastra di alluminio o di rame.

Riprendiamo l'esempio dell'ASZ16 e supponiamo di volerlo far funzionare come stadio d'uscita in classe A con potenza pari a 3 watt. La dissipazione sia il doppio della potenza max d'uscita: per sicurezza la riterremo un poco superiore. Poniamo $P_C = 8$ watt. Supponiamo ancora che la massima temperatura ambiente a cui sarà sottoposto sia $T_a = 45$ "C.

Essendo per l'ASZ 16 $T_{Jmax} = 90$ °C e $K_J = 1{,}2$ °C/W si ottiene per la (18)

$$(19) \qquad K_s = \frac{90 - 45}{8} - 1{,}2 = 4{,}5\ °C/W$$

e dalla tavola A si rileva in corrispondenza al valore così trovato il tipo di piastra in questo caso necessaria e cioè una lastra di alluminio dello spessore di 3 mm e delle dimensioni di circa 14x14 cm.

Se si isola il transistore con rondelle di mica, la resistenza termica totale aumenta e deve essere aggiunto a $K_J$ un addendo correttivo pari a 0,6 °C/W (resistenza termica rondelle). Nel caso considerato si avrebbe:

$$(20) \qquad K_s = \frac{90 - 45}{8} - (1{,}2 + 0{,}6) = 3{,}9\ C/W$$

a cui corrisponde una lastra dello spessore di 3 mm e delle dimensioni di 17x17 cm circa.

Nel dimensionare il sistema di raffreddamento è però sempre saggio abbondare.

Si intende che se il transistore ha dissipazione molto bassa il raffreddamento può risultare superfluo.

Quando K, è grande, la piastra può ritenersi inutile, essendo il transistore in grado di dissipare la sua potenza direttamente in aria.

## *Transistori compositi*

La disponibilità di transistori simmetrici NPN e PNP consente la realizzazione di collegamenti diretti estremamente interessanti.

Nelle figure 23 e 24 sono indicati gli schemi di collegamento (Darlington) con i quali partendo da due transistori se ne ottiene uno composito il cui guadagno in corrente $h_{FE}$ è dato approssimativamente dal prodotto dei guadagni in corrente dei due transistori componenti ($h_{FE1}$ e $h_{FE2}$)

1 transistori compositi così formati possiedono un'elevata stabilità termica e trovano applicazione soprattutto in amplificatori a corrente continua: nel transistore composito, infatti, il secondo transistore lavora con una corrente di collettore più elevata del primo e la $I_{CBO}$ dell'insieme è quella del primo transistore.

11 collegamento può essere esteso anche a più di due transistori: le figure 25 e 26 riportano appunto il collegamento Darlington esteso a tre transistori e il guadagno in corrente risultante ($h_{FE}$) è dato dal prodotto dei tre guadagni in corrente componenti ($h_{FE1}$, $h_{FE2}$, e $h_{FE3}$).

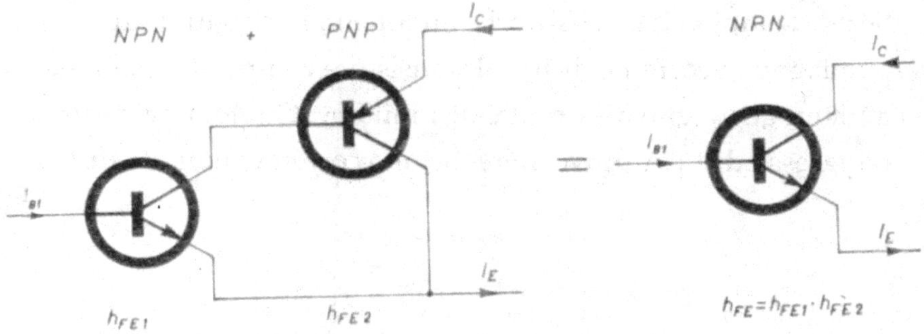


**Figura 23 - Transistore composito NPN**

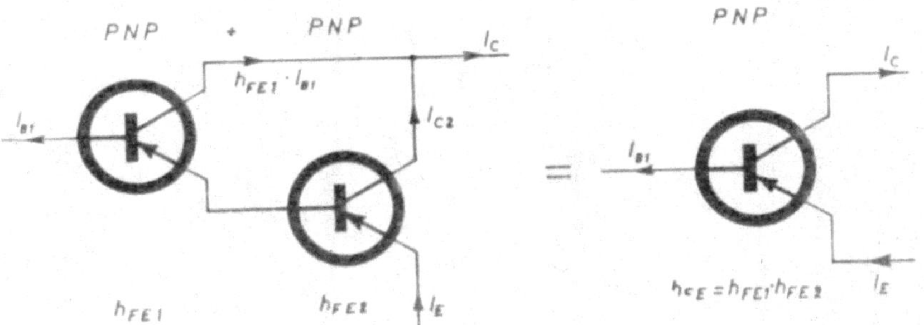


**Figura 24 - Transistore composito PN P**

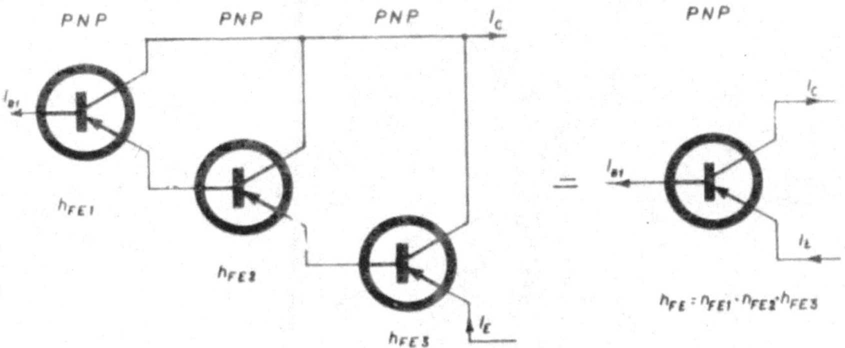


**Figura 26 - Triplo transistore composito NPN**

Se ad esempio i tre transistori componenti hanno tutti un guadagno in corrente di 100, il transistore composito risultante avrà un guadagno in corrente di 1 milione. Quindi una corrente d'ingresso di 1 μA provocherebbe una corrente di uscita di 1 A.

# TRANSISTORE AD EFFETTO DI CAMPO

## *Premessa*

Nell'introduzione storica abbiamo visto come, il primo lavoro che introdusse il transistore ad effetto di campo risalga al 1952 allorché Shockley descrisse un nuovo dispositivo amplificatore allo stato solido da lui denominato «Unipolar Field Effect Transistor».

Questo dispositivo era uno dei risultati di ricerche che in precedenza avevano portato, nei laboratori Bell Telephone. alla scoperta del transistore a punte di contatto.

Il transistore ad effetto di campo, quale ora noi tratteremo. si basa su di un principio relativamente semplice: la conduttanza di una certa regione di semiconduttore viene modulata da un campo elettrico trasversale.

Con ciò si controlla una corrente modulando una tensione applicata al dispositivo, analogamente a quanto avviene in un tubo a vuoto. Il vantaggio del transistore ad effetto di campo nei confronti di un tubo a vuoto è assimilabile a quelli del transistore a giunzione bipolare (piccole dimensioni, basso consumo, robustezza, ecc.).

Il principio di modulare la conduttività di un materiale modificando il numero delle cariche libere presenti mediante un campo elettrico trasversale risale a molto tempo fa.

L'effetto è stato ottenuto con sostanze conduttrici, ma senza che la quantità di cariche elettriche libere presenti venisse modificata sensibilmente.

Infatti, in un conduttore le cariche mobili controllabili mediante un campo elettrico esterno sono una frazione infinitesima della carica mobile totale e quindi ne risulta un dispositivo con transconduttanza molto prossima allo zero.

Diversamente, con materiali semiconduttori, è possibile ottenere una sensibile modulazione delle cariche mobili e questo fatto fu osservato già più di trenta anni or sono da J. E. Lilienfeld e O. Heil, e un loro brevetto indica che l'idea di un dispositivo amplificatore ad effetto di campo aveva preso inizio molto tempo addietro.

L'idea di Shockley ha permesso di realizzare un dispositivo efficiente superando diverse difficoltà. Come è noto, il transistore bipolare (PNP e NPN) è formato da due giunzioni e la sua fenomenologia si basa su due tipi di cariche elettriche mobili (maggioritarie e minoritarie) da cui il nome «bipolare». Il transistore ad effetto di campo di Shockley, invece. è un dispositivo a sole cariche maggioritarie, da cui il nome «unipolare».

Dal capitolo 1 abbiamo appreso come nelle giunzioni N-P esista una certa zona di carica spaziale (o di transizione) attorno alla superficie di separazione tra regione N e regione P.

Questa zona di transizione, priva di cariche elettriche libere, presenta conduttività praticamente nulla ed è di ampiezza variabile col variare della differenza di potenziale applicata esternamente alla giunzione.

Questa attitudine a variare della zona di transizione ha fatto nascere l'idea di utilizzare tale zona per «modulare» la conduttanza di una regione di semiconduttore: è questo il «transistore ad effetto di campo unipolare».

Le tecnologie messe a punto per la produzione in serie dei più noti transistori a giunzione bipolari (nel seguito useremo il termine transistore bipolari per i transistori NPN e PNP) hanno aperto ampie prospettive anche per il transistore ad effetto di campo che trova ormai numerose applicazioni.

Occorre precisare che in Francia è stato messo in commercio uno dei primi transistori ad effetto di campo sotto il nome di «Tecnetron» nel 1959.

E un anno prima, nel gennaio 1958, Stanislas Teszner presentava sui «Comptes rendus» di Parigi un transistore ad effetto di campo a struttura cilindrica in cui veniva modulata la conduttanza di una sottile zona da parte di un anello metallico opportunamente polarizzato.

La struttura cilindrica però non si è dimostrata pratica mentre le tecniche planari, messe a punto negli U.S.A., permettono d'ottenere componenti dalle elevate prestazioni a costi convenienti.

## *Terminologia*

Prima di trattare del dispositivo è opportuno precisare sia la terminologia usata all'estero che quella da noi qui utilizzata.

Nella seguente tabella è riportato lo stato attuale della terminologia nei diversi paesi e quella adottata da noi.

<table>
<tr><th colspan="2"></th><th>U.S.A.</th><th>FRANCIA</th><th>IN QUESTO TESTO</th></tr>
<tr><td colspan="2">Nome del dispositivo</td><td>FET<br>uniFET</td><td>Tecnetron<br>Gridistor<br>TEC</td><td>TEC</td></tr>
<tr><td rowspan="3">ELETTRODI</td><td>G</td><td>Gate</td><td>Goulot<br>Grille</td><td>Griglia</td></tr>
<tr><td>S</td><td>Source</td><td>Source<br>Cathode</td><td>Sorgente</td></tr>
<tr><td>D</td><td>Drain</td><td>Drain<br>Anode</td><td>Derivatore</td></tr>
</table>

Shockley ha ritenuto utile denominare i tre elettrodi del transistore ad effetto di campo in modo diverso dal più noto transistore bipolare e nei paesi anglosassoni oggi si usano i nomi «Gate», «Source» e «Drain».

Negli stessi paesi il transistore ad effetto di campo viene denominato sinteticamente FET, che sta per «Field Effect Transistor».

Spesso, sempre nei paesi anglosassoni, si trova anche il termine «uniFET».

In Francia gli elettrodi sono chiamati in diversi modi e il dispositivo viene indicato come Tecnetron, Gridistor e spesso anche TEC (per «Transistor à Effet du Champ»). Qui si sono scelti i nomi degli elettrodi ponendo cura a che le iniziali G, S e D venissero conservate nella nostra lingua, per evitare confusione negli indici dei parametri elettrici che ormai sono unificati oltre oceano e per facilitare la lettura di opere di altre nazionalità.

Quindi con TEC intenderemo «Transistore ad Effetto di Campo» e con «Griglia», «Sorgente» e «Derivatore» i tre elettrodi del nostro dispositivo. Va notato che a volte, in altri testi, sono stati utilizzati i nomi degli elettrodi in uso per il tubo a vuoto. Ciò è abbastanza logico se si tiene presente la somiglianza tra la caratteristica di placca di un pentodo e quella corrispondente di un dispositivo TEC.

Noi comunque useremo la terminologia più sopra definita per evitare ambiguità e indebiti trasferimenti di concetti dal campo dei tubi a vuoto al campo dei TEC.

## *Funzionamento del TEC*

Un TEC è una giunzione semiconduttrice formata tra regione di tipo N e regione di tipo P. Consideriamo un TEC in sezione, figura 1, utilizzando una certa struttura esemplificativa per comodità di comprensione.

La superficie di separazione tra regione N e regione P, la giunzione, divide le parti in cui la conduttività è dovuta in predominanza al movimento di elettroni liberi (regione N) da quella in cui la conduttività e dovuta in predominanza al movimento delle lacune (regione P).

Tra le due zone esiste «continuità cristallina» e la giunzione viene realizzata per lo più diffondendo in uno stesso cristallo semiconduttore puro (intrinseco) impurità di polarità opposta, come già visto nel I capitolo.

Alla giunzione si associa la nota zona di transizione priva di cariche libere. Nella zona di transizione sono localizzati solo gli ioni degli atomi d'impurità che danno origine alla «carica spaziale fissa».

Questa zona di transizione ha spessore variabile col variare di un'eventuale differenza di potenziale applicata esternamente alla giunzione.

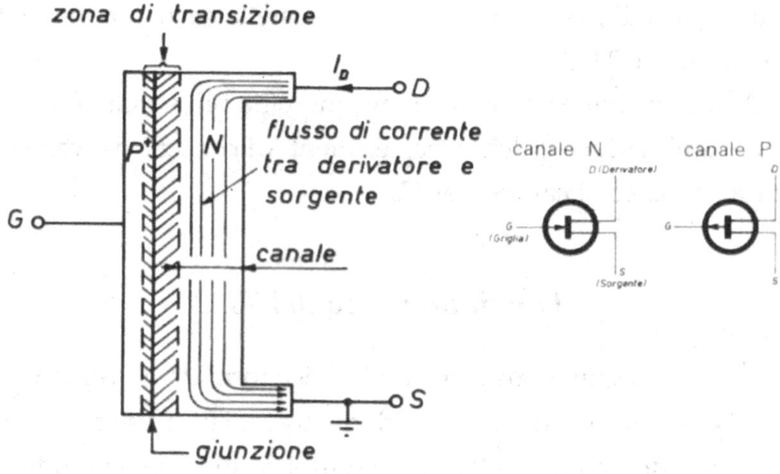


**Figura 1 - Simboli elettrici e sezione della struttura interna**

Riferendoci alla figura 1, se applichiamo una differenza di potenziale tra gli elettrodi S e D. un certo flusso di corrente elettrica passerà tra i due elettrodi S e D attraverso la regione N. in forza degli elettroni liberi (cariche maggioritarie) presenti in detta regione.

A quella parte della regione N interessata alla conduzione della corrente tra gli elettrodi sorgente e derivatore (S e D) si dà il nome di «canale».

È facile intuire come sia possibile modulare la corrente di canale facendo variare lo spessore della zona di transizione, ad esempio applicando all'elettrodo G, griglia, tensioni variabili rispetto la sorgente S.

L'effetto amplificatore del TEC sta appunto in questo: modulare l'ampiezza della zona di canale e quindi la corrente di derivatore $I_D$) mediante variazioni di tensione di griglia $V_G$. Poiché interessa modulare unicamente la regione di canale, regione N nel caso della figura 1, nella pratica si fa in modo che lo spessore della zona di transizione sia predominante appunto nel canale. Ciò si ottiene drogando maggiormente la regione di griglia, regione P in figura 1, ossia, indicando con N e P le densità di cariche maggioritarie delle regioni N e P rispettivamente, si ha: P>N per TEC a canale N e N>P per TEC a canale P.

Cerchiamo ora di giustificare, sempre qualitativamente, la caratteristica di derivatore del TEC così come risulta sperimentalmente con riferimento a un TEC a canale N. Collegata per il momento la griglia alla sorgente ($V_{GS}=0$) come indicato in figura 2, e col circuito di figura 2 si determina la curva:

$$I_D = f\ (V_{DS}) \quad \text{per} \quad V_{GS} = 0$$

(elettrodo S di riferimento).

Al crescere di $V_{GS}$ nei vari punti della giunzione la zona di transizione penetra sempre più profondamente nel canale fino a che, ad una certa quota, il canale risulta «strozzato» dalla

zona di transizione. La tensione di derivatore a cui comincia lo strozzamento del canale per $V_{GS} = 0$ si definisce «tensione di contrazione totale» («pinch off voltage» in lingua inglese), e viene generalmente indicata con $V_P$.

Se si incrementa ulteriormente la tensione $V_{DS}$ la contrazione totale non si ha più in un solo punto del canale, ma tende ad estendersi lungo tutto il canale e la corrente $I_D$ di derivatore si mantiene costante e uguale a un certo valore massimo $I_{DSS}$.

Se si esegue la stessa esperienza con $V_{GS}$ negativa rispetto la sorgente, tutto avviene come per il caso di $V_{GS} = 0$, ma questa volta la contrazione totale del canale si ha in un suo punto prima che $V_{DS}$ raggiunga il valore di tensione $V_P$ più sopra trovato. Ciò è intuitivo, in quanto per valori negativi di $V_{GS}$ la zona di transizione si allarga lungo tutta la giunzione.

Se poi si continua a rendere sempre più negativa la griglia, a un certo punto, per $V_{GS} =-V_P$, il canale è contratto completamente anche per $V_{DS}=0$ e la corrente $I_D$ è sempre nulla per qualsiasi valore di $V_{DS}$ (figura 2).

Ne risulta alla fine una caratteristica di derivatore quale quella indicata in figura 3.

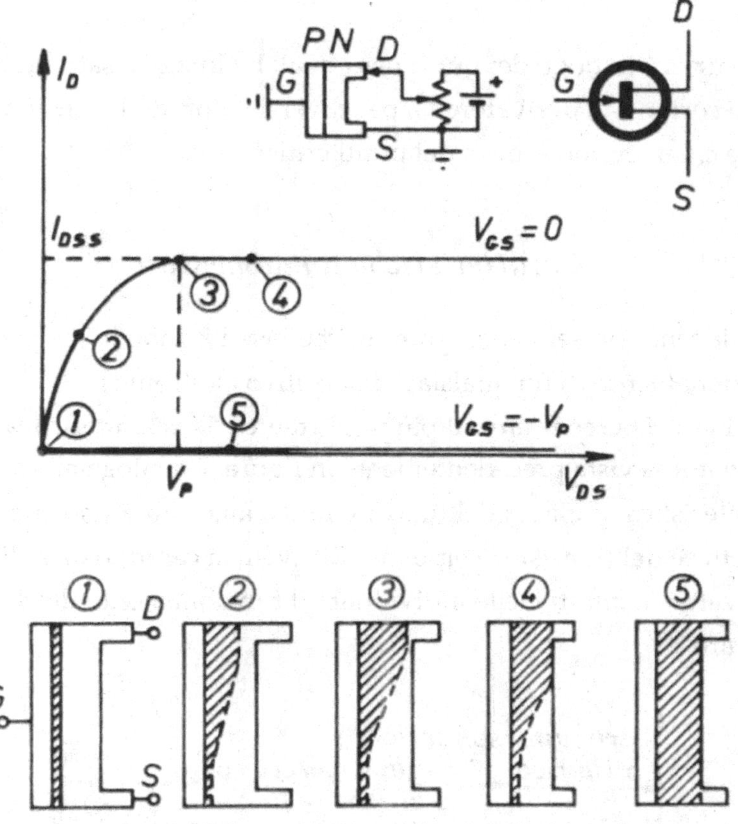


**Figura 2 - Caratteristiche di derivatore: sua origine qualitativa per variazione dell'ampiezza della zona di transizione**

Questa caratteristica viene divisa in due parti: «regime sub-critico» od «ohmico» e «regime ipercritico» o di «contrazione totale» («pinch-off») e la curva che le separa è il luogo dei punti per cui risulta:

$$V_{DS} - V_{GS} = V_P$$

tale curva è il luogo dei punti per i quali ha inizio la saturazione delle correnti di derivatore $I_D$, per diversi valori della tensione $V_{GS}$ e che chiameremo «curva dei punti critici».

## *Caratteristiche fondamentali*

È utile tener presente i diagrammi che visualizzano il funzionamento di un qualsiasi dispositivo elettronico.

Per il TEC senz'altro il più importante è la «caratteristica di derivatore» vista precedentemente in figura 3, analoga alla caratteristica di placca del tubo a vuoto o alla caratteristica di collettore del transistore bipolare. Ricavata la caratteristica di derivatore è infatti facile individuare il funzionamento del TEC in circuito.

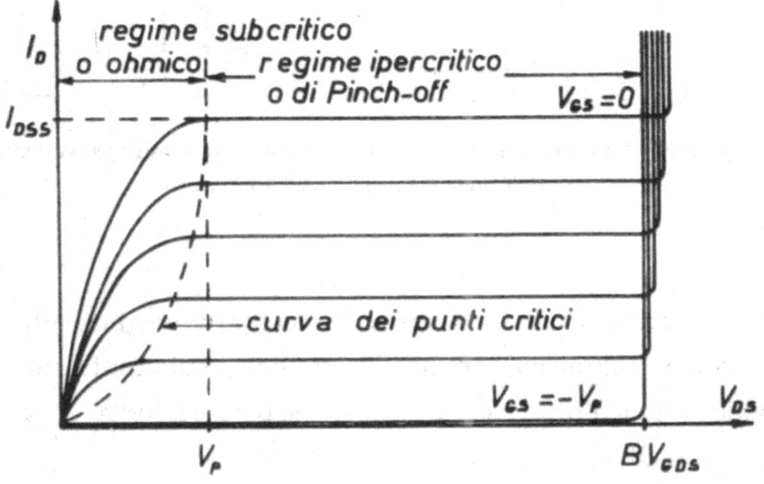


**Figura 3 - Caratteristica di derivatore**

Questa caratteristica fornisce l'andamento della corrente di derivatore $I_D$ al variare della tensione di derivatore $V_{DS}$ per diversi valori di $V_{GS}$: (se si immagina di sostituire alla parola «derivatore» la parola «placca» e alla parola «sorgente» la parola «catodo» si potrebbero confondere tutte queste considerazioni con quelle analoghe di un tubo elettronico).

La caratteristica di derivatore (figura 3), come visto in precedenza è divisa in due parti, «regime subcritico» e «regime ipercritico», poiché il TEC si comporta in modo profondamente diverso nei due casi.

Il «regime subcritico» comprende la parte incurvata delle caratteristiche, cioè quella zona in cui il TEC si comporta come un resistore variabile, mentre il «regime ipercritico» si ha nella parte rettilinea delle stesse.
La maggior parte delle applicazioni ne prevedono il funzionamento nella parte rettilinea e quindi per noi ha massima importanza il regime ipercritico.

Prima di passare alle applicazioni è indispensabile definire alcuni parametri fondamentali analogamente a quanto abbiamo fatto per il transistore bipolare, necessari per le applicazioni e sempre indicati nei cataloghi dei costruttori di TEC.

Nell'impiego pratico di un TEC i parametri fondamentali sono 5 e compiono la funzione degli analoghi parametri $I_{CEO}$, $V_{CBO}$, $h_{FE}$, ecc. del transistore bipolare e ne hanno la stessa funzione: inquadrano un particolare TEC e ne permettono la valutazione tecnica.

Definizioni dei 5 parametri fondamentali:

$V_P$ = tensione di contrazione totale («pinch off voltage»): si misura in volt.

$g_{fs\,max}$ = trasconduttanza massima: si misura in micromho oppure microsiemens.

$BV_{GDS}$ = tensione di rottura tra griglia e derivatore: si misura in volt.

$I_{DSS}$ = massima corrente di derivatore: si misura in milliampere.

$I_{GSS}$ = corrente inversa griglia-sorgente: si misura in microampere o in nanoampere.

Con riferimento alla figura 3, i parametri $V_P$, $I_{DSS}$ e $BV_{GDS}$ forniscono un limite della caratteristica di derivatore.

$V_P$ è un parametro nuovo e tipico dei TEC che fornisce col suo valore in volt l'indicazione di dove finisce la regione subcritica od ohmica del TEC e comincia la regione ipercritica. Nel normale impiego come amplificatore la tensione d'alimentazione deve essere generalmente superiore a $V_P$.

Il parametro $g_{fs}$ è un indice della capacità della tensione di griglia $V_{GS}$ di controllare la corrente di derivatore $I_D$ e compie qui la funzione del ben noto «beta» dei transistori bipolari: TEC ad alto guadagno sono dispositivi ad alto $g_{fs}$.

$B_{GDS}$ è indice della massima tensione sopportata dal TEC: la tensione d'alimentazione non dovrà mai superare tale valore (analogamente a $V_{CBO}$ per i transistori). Alcuni costruttori anziché $BV_{GDS}$ forniscono l'analogo (ma meno stringente) parametro $BV_{GDO}$.

$I_{DSS}$ è la massima corrente di derivatore a cui può funzionare il TEC senza che la giunzione d'ingresso passi in conduzione diretta: si noti che $I_{DSS}$ non è determinato dalla dissipazione del dispositivo, ma dalla sua struttura particolare. Perché $I_D$ superi $I_{DSS}$ sarebbe necessario uscire dai limiti normali d'impiego del TEC.

$I_{GSS}$ è una corrente di fuga; ossia la corrente inversa di saturazione del diodo griglia-sorgente: tanto più un TEC e buono e tanto più basso è il valore di $I_{GSS}$ (alcuni nA per un TEC al silicio). Questi sono i parametri fondamentali da tenere a mente e praticamente da soli consentono una valutazione abbastanza completa di un TEC.

Ben s'intende che ve ne sono altri, importanti per particolari applicazioni, come le capacità interelettrodiche, necessarie per definire il comportamento del TEC in alta frequenza.

Allo stato attuale della tecnologia del TEC i valori numerici di questi parametri sono contenuti nelle seguenti bande:

$BV_{GDS}$ : tra 20 e 100 V con 30 V come valore tipico,
$V_P$ : tra 0,5 e 20 V con 5 V come valore tipico,
$I_{DSS}$ : tra 50 pA e 500 mA,
$I_{GSS}$ : tra 50 pA e 100 mA,
$g_{fs\,max}$ : tra 100 e 20.000 $\mu℧$, e oltre.

$I_{GSS}$ è un parametro funzione della temperatura, della tensione applicata e dell'età del TEC.

$I_{GSS}$ raddoppia ogni 10° C ed è proporzionale alla radice quadrata della tensione applicata.

Per avere la condizione più stringente. $I_{GSS}$ deve essere misurata alla tensione $BV_{GDS}$.

## *Caratteristica mutua espressioni analitiche*

In figura 4 è riportata la caratteristica mutua d'un TEC. Tale curva fornisce l'andamento della corrente di derivatore $I_D$ (corrente d'uscita) in funzione della tensione di griglia $V_{GS}$ (tensione d'ingresso).

L'andamento della curva di figura 4 è molto prossimo a una funzione quadratica: si può cioè esprimere $I_D$ come funzione quadratica di $V_{GS}$. Precisamente la caratteristica mutua d'un TEC può essere approssimata dalla seguente importante relazione:

$$(1) \qquad I_D = I_{DSS}\left(1 + \frac{V_{GS}}{V_P}\right)^2$$

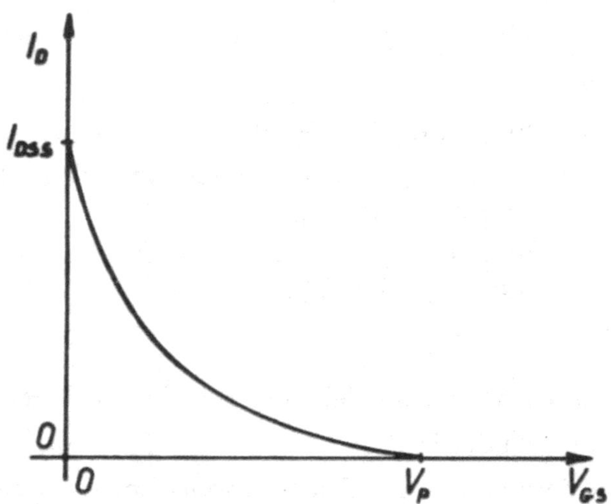


**Figura 4 - Caratteristica mutua**

Dalla quale si ottiene (¹) l'andamento della transconduttanza $g_{fs}$ in funzione di $V_{GS}$:

(2) $$g_{fs} = 2\frac{I_{DSS}}{V_P}\left(1 + \frac{V_{GS}}{V_P}\right)$$

(1) Per ricavare $g_{fs}$ si ricordi che è:

$g_{fs} = \frac{\delta I_D}{\delta V_{GS}}$ per cui derivando la (1) rispetto $V_{GS}$ si ottiene la (2).

Si noti come la (2) sia una retta: cioè la transconduttanza g f s varia in modo lineare con la tensione d'ingresso $V_{GS}$; questo fatto è molto importante nelle applicazioni pratiche.

Le due equazioni approssimate (1) e (2) sono un importante punto di partenza per il progettista di circuiti in quanto legano fra loro tre dati indispensabili: $I_D$, $V_{GS}$ e $g_{FS}$.

Per esprimere numericamente le (1) e (2) occorre conoscere i valori dei parametri $I_{DSS}$ e $V_P$, parametri ricavabili dai dati caratteristici forniti dal costruttore.

Si riporta qui un legame generale valido approssimativamente per qualsiasi TEC:

(3) $$\frac{V_P \cdot g_{fs\,max}}{I_{DSS}} \simeq 2$$

dove $g_{fsmax}$ é massima transconduttanza del TEC, generalmente fornita dal costruttore. Questa semplice relazione generale ci dice che i tre parametri $V_P$, $g_{fs}$ max e $I_{DSS}$ non possono assumere valori indipendenti, ma che per un qualsiasi TEC i loro valori numerici devono essere tali da verificare approssimativamente la (3).

Quindi se conosciamo due qualsiasi dei tre parametri con la (3) possiamo ricavare immediatamente il terzo.

Ad esempio, se di un particolare TEC si conosce solo $g_{fsmax}$ e $I_{DSS}$ e si vuol tracciare la caratteristica mutua espressa dalla relazione (1), dobbiamo calcolare $V_P$ nel modo seguente:

$$V_P \simeq 2\frac{I_{DSS}}{g_{fs\,max}}, \quad \text{ricavata dalla (3).}$$

Tutte le relazioni viste offrono un inquadramento del funzionamento in regime ipercritico d'un TEC consentendo al progettista di prevederne sulla carta alcune essenziali prestazioni.

## *TEC a sorgente comune Polarizzazione automatica*

Un metodo molto semplice per la polarizzazione di un TEC per il suo funzionamento a sorgente comune (analogo al circuito a emittore comune) consiste nella così detta "polarizzazione automatica".

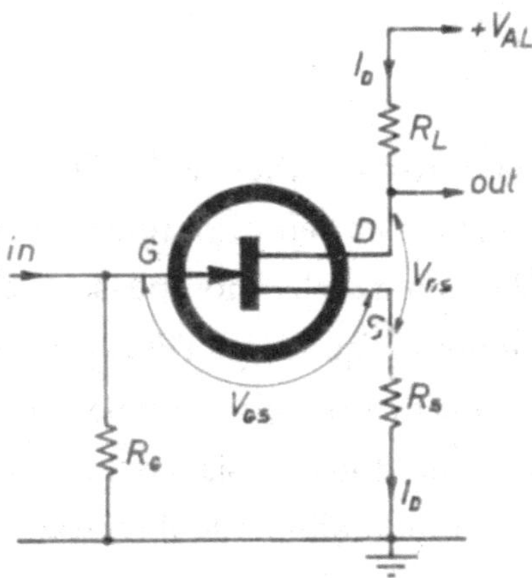


**Figura 5 - Polarizzazione automatica**

Riferendoci a un TEC a canale N (figura 5), per il suo normale funzionamento come amplificatore per piccoli segnali (preamplificatore audio, amplificatore a radio frequenza, ecc.) occorre fornire un potenziale negativo alla griglia rispetto la sorgente (tensione $V_{GS}$ negativa).

Per far ciò basta creare una piccola caduta di tensione in serie alla sorgente mediante un resistore R S di opportuno valore e riportare questa caduta sulla griglia mediante un altro resistore R G.

Il resistore $R_G$ shunta l'ingresso del TEC ma, data l'elevatissima impedenza d'ingresso del TEC, il suo valore può essere mantenuto a diversi Mohm e anche decine di Mohm.

Con riferimento sempre alla figura 5, i tre resistori possono essere calcolati abbastanza facilmente una volta fissati alcuni valori di tensione e di corrente in sede di progetto. Generalmente si fissa:

$I_D$=corrente di derivatore
$V_{AL}$=tensione di alimentazione
$V_{DS}$=tensione tra derivatore e sorgente,

quindi dalla caratteristica di derivatore del particolare TEC impiegato si ricava la tensione $V_{GS}$ tra griglia e sorgente.

Le tre resistenze cercate saranno quindi date dalle seguenti semplici relazioni:

(4) $$R_S = \frac{V_{GS}}{I_D} \ (\Omega)$$

(5) $$R_L = \frac{V_{AL} - V_{DS}}{I_D} - R_S \ (\Omega)$$

(6) $R_G$ compreso tra i 2 MΩ e 50 MΩ.

Il valore $V_{DS}$ può essere fissato in diversi modi a seconda delle particolari esigenze; comunque, un valore pari a metà di $V_{AL}$ va generalmente bene.

## *Circuito a derivatore comune*

Il circuito a derivatore comune (analogo al circuito a collettore comune dei transistori) presenta come caratteristiche peculiari una elevatissima impedenza d'ingresso con una impedenza d'uscita relativamente bassa.

Il suo guadagno in tensione è sempre inferiore all'unità. Il circuito si presenta nella forma di figura 6 dove una batteria supplementare fornisce la necessaria tensione negativa $V_G$ alla griglia. Anche qui si può intervenire con la polarizzazione automatica, introducendo un resistore $R_G$ ed eliminando la batteria supplementare (figura 7).

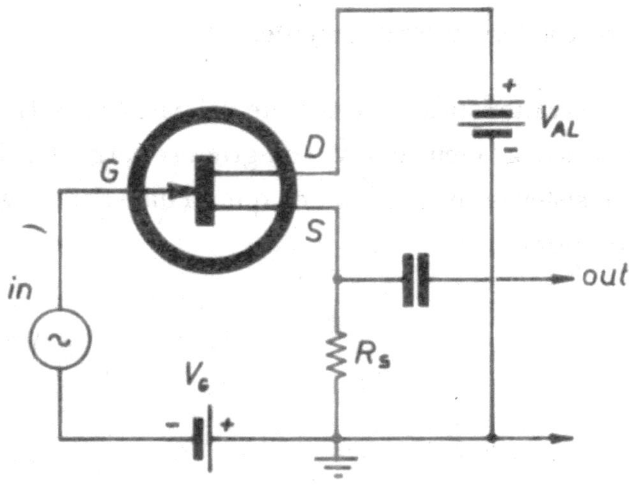


**Figura 6 - Derivatore comune (source follower)**

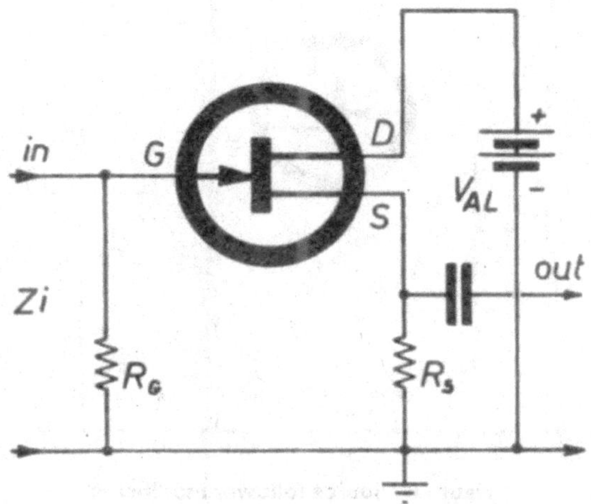


**Figura 7 - Source follower con polarizzazione automatica**

Se non che ora il valore di $R_G$ praticamente determina l'impedenza d'ingresso dello stadio; cioè si ha:

$Z_i = R_G$

Per poter ottenere valori più alti dell'impedenza d'ingresso bisogna ricorrere all'artificio circuitale di figura 8 dividendo in due il resistore $R_S$ e collegando al centro $R_G$.

In tal modo l'impedenza d'ingresso aumenta ed è data approssimativamente da:

$$Z_i = R_G \frac{R_{S1} + R_{S2}}{R_{S1}} \qquad (7) \qquad (\Omega)$$

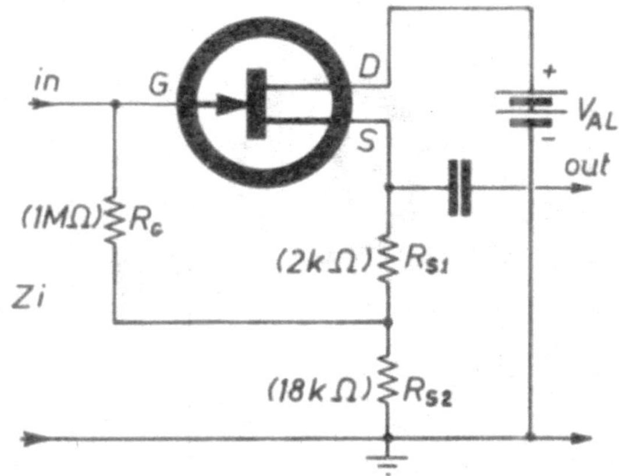


**Figura 8 - Source follower modificato**

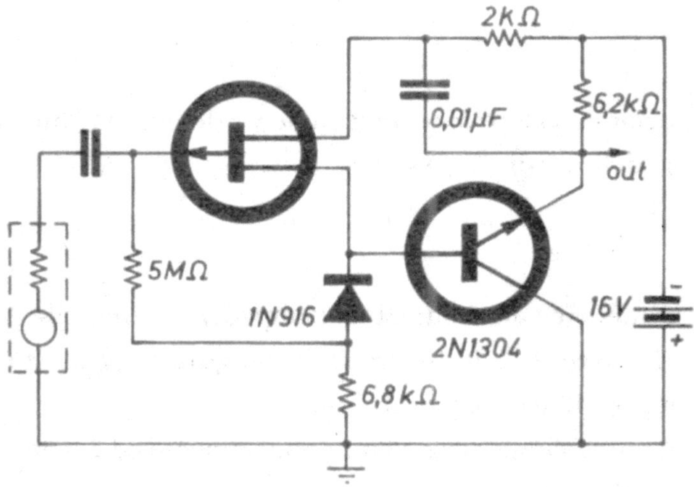


**Figura 9 - Esempio di amplificatore ad alta impedenza d'ingresso**

**con TEC a canale P e transistore bigiunzione NPN (Electronics, Mar 8, 1963 p. 45)**

Alle considerazioni fatte bisogna aggiungere che altri fenomeni intervengono ad alterare le caratteristiche di uno stadio amplificatore così congegnato, per lo più causati dalle capacità interelettrodiche delle quali non si è tenuto conto.

Soprattutto all'aumento della frequenza dei segnali, queste capacità diventano preponderanti nel determinare l'impedenza d'ingresso e il guadagno dello stadio.

A titolo d'esempio il circuito completo di figura 9, impiegante un transistore NPN come carico attivo, possiede caratteristiche eccellenti per quanto concerne l'impedenza d'ingresso in bassa frequenza ($Z_i$=50 Mohm), ma oltre gli 8 kHz tale impedenza decresce rapidamente fino a raggiungere qualche centinaio di kohm verso i 100 kHz.

## *TEC come elemento a basso rumore*

Il TEC presenta sotto l'aspetto rumore caratteristiche assai interessanti.

Teoricamente dovrebbe presentarsi come una sorgente di rumore praticamente trascurabile; in realtà il meccanismo di funzionamento del TEC introduce un certo rumore, comunque assai basso. Esiste un intervallo di frequenze nel quale il TEC presenta il minimo fattore di rumore (anche inferiore a 1 dB). Si sono realizzati stadi amplificatori serviti unicamente da TEC con fattore di rumore inferiore a 3 dB in tutta la gamma audio.

Operando in quella parte della caratteristica di derivatore che abbiamo chiamato «regime subcritico» (cioè nella parte curva) il rumore del TEC diminuisce notevolmente; tuttavia, operando in tal modo si riduce notevolmente anche il guadagno, per cui spesso è necessario un compromesso tra guadagno e rumore.

## *TEC in alta frequenza*

La possibilità del TEC di funzionare in alta frequenza è principalmente ostacolata dalla sua capacità di giunzione indicata normalmente come C.

Infatti, un indice di rapida valutazione del limite in frequenza di un TEC è dato da:

$$F_T = \frac{g_{fs}}{C_{is}} \quad (MHz) \tag{7}$$

Quindi, minore è la capacità $C_{is}$ e maggiore risulta la frequenza di taglio; si supera con facilità il limite dei 200 MHz con TEC del commercio, e 80 = 100 MHz sono normali.

C'è da aggiungere che $C_{is}$ è fortemente dipendente dalla tensione $V_{DG}$ applicata tra derivatore e griglia e quindi anche la frequenza di taglio $F_T$ risulta fortemente influenzata dalla tensione applicata $V_{DG}$.

Nelle pratiche applicazioni in alta frequenza i TEC offrono inoltre un vantaggio loro proprio dato dalla particolare caratteristica quadratica di trasferimento (caratteristica mutua) che li contraddistingue da altri componenti attivi e ne consente l'impiego senza intermodulazioni.

## *Caratteristica d'ingresso*

In corrispondenza a diversi valori della resistenza vista dall'ingresso del TEC si avranno diverse rette di carico del circuito d'ingresso (figura 10).

Nel decidere il modo di polarizzare un TEC si deve tenere in considerazione il fatto che la produzione dei TEC ha una certa dispersione nelle caratteristiche rappresentabile con un'area nel piano della caratteristica mutua (figura 11) e compresa

tra $I_{DSS}$max e $I_{DSS}$min (per uno stesso tipo di TEC).

Se si polarizza in modo che I D sia costante per qualsiasi unità impiegata (linea tratteggiata di figura 12) si ha in corrispondenza una conduttanza mutua $g_{fs}$ variabile da tipo a tipo e decrescente nel senso dell'unità «minima» all'unità «massima». Se si desidera invece la costanza di $g_{fs}$ occorre scegliere una $R_S$ (resistenza in serie all'elettrodo sorgente) in modo che per qualsiasi unità della produzione si abbia la stessa conduttanza mutua.

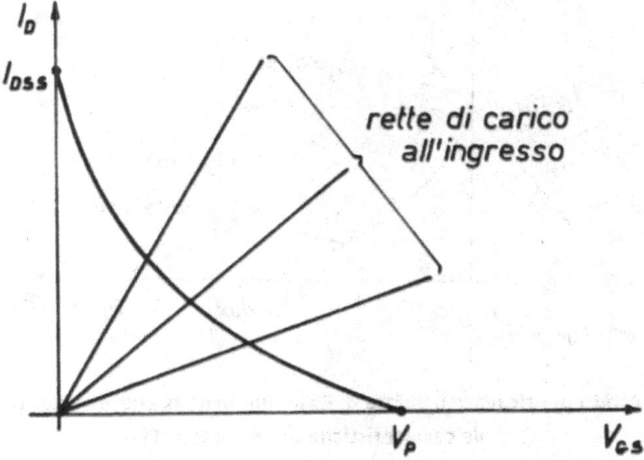


**Figura 10 - Rette di carico d'ingresso (all'aumentare della resistenza d'ingresso le rette di carico diventano sempre più verticali).**

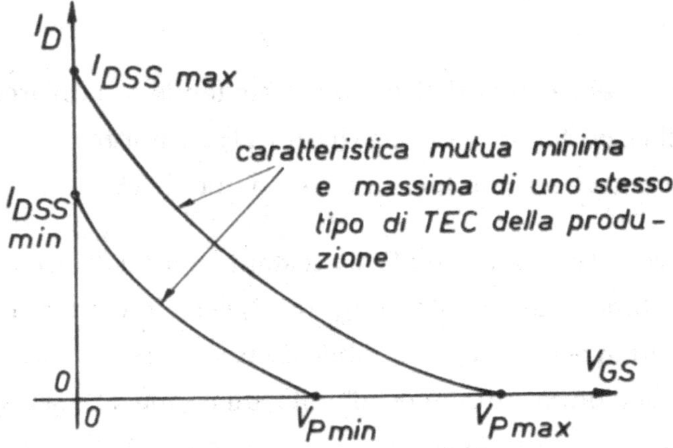


**Figura 11 - Dispersione della caratteristica mutua dovuta alle tolleranze di produzione**

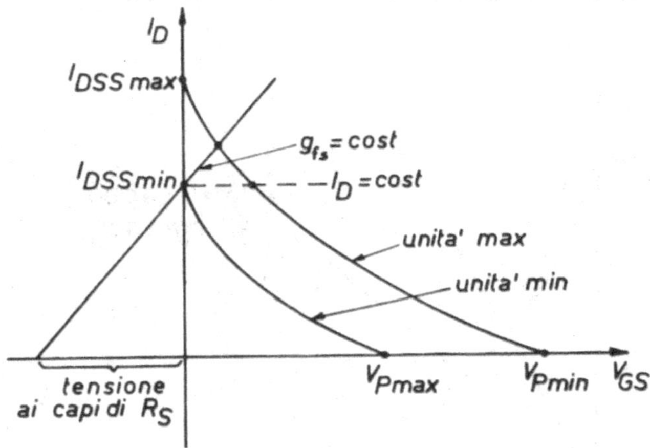


**Figura 12 - Modo per ricavare il valore di Rs al fine di mantenere costante g al variare delle caratteristiche di uno stesso TEC**

Poiché l'unità «minima» offre la sua massima conduttanza mutua in corrispondenza di $V_{GS}$=0, si dovrà tracciare da questo punto una retta che incontri la curva dell'unità «massima» in un punto a cui corrisponda la stessa $g_{fs}$ dell'unità minima: vedere la figura 12. Tutto ciò è reso possibile se sono note le curve del TEC in esame.

Tracciata la retta di carico all'ingresso è nota anche la tensione ai capi del resistore Rs intercettata sull'asse delle $V_{GS}$ dalla retta stessa (figura 12).

## *TEC come resistore variabile controllato a tensione*

Impiegato come resistore variabile controllato da una tensione, il TEC offre al tecnico dei circuiti un nuovo interessante elemento.

Consideriamo la caratteristica di figura 13 e interessiamoci alla zona situata in un intorno dell'origine. La resistenza del TEC, o meglio, il valore resistivo tra derivatore e sorgente varierà al variare della tensione $V_{GS}$ applicata tra griglia e sorgente; tale resistenza è infatti data dalla pendenza della caratteristica nell'intorno dell'origine per una data $V_{GS}$.

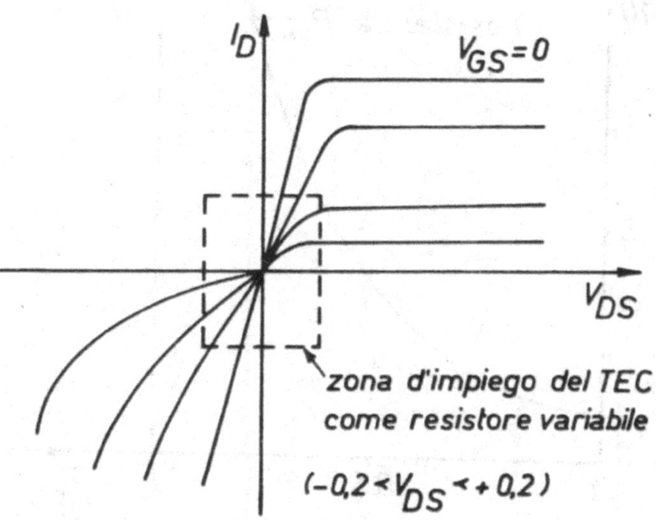


**Figura 13 - TEC come resistore variabile**

Operando perciò in questa zona si ottiene un resistore variabile controllato dalla tensione $V_{GS}$.

Normalmente, per una buona linearità, si opera in un intervallo compreso tra —0,2 V e +0,2 V di $V_{DS}$ e si possono ottenere variazioni di resistenza comprese tra 1 kohm e 10 Mohm variando la tensione di controllo $V_{GS}$ applicata tra griglia sorgente.

In figura 14 è riportato l'andamento della resistenza $R_{DS}$ tra derivatore e sorgente al variare della tensione di controllo $V_{GS}$; tale curva è valida per piccoli valori di $V_{DS}$.

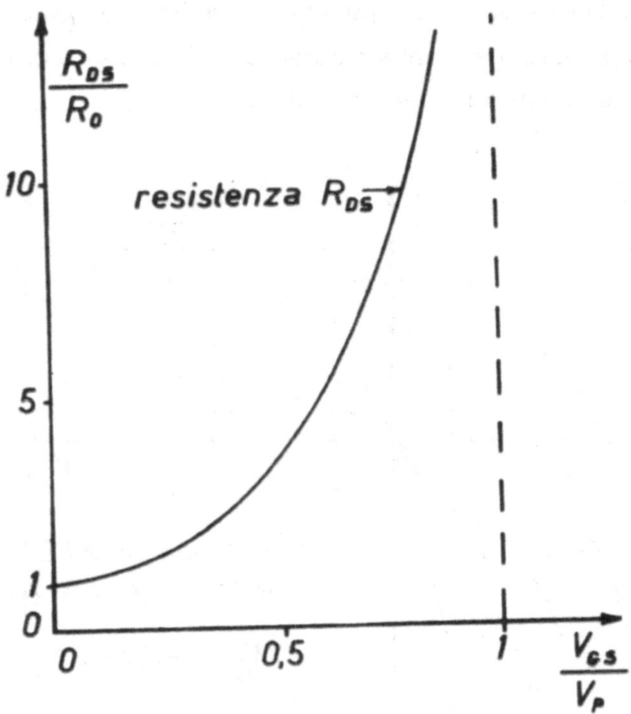


**Figura 14 - Andamento della resistenza Rds al variare di Vgs.**

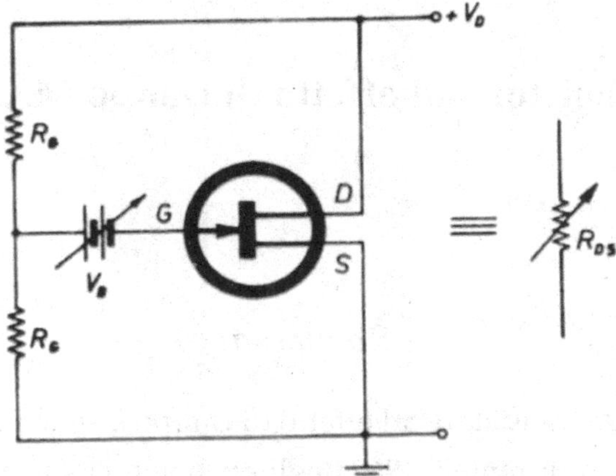


**Figura 15 - Circuito che realizza il resistore variabile controllato a tensione**

ll parametro R O è la resistenza tra sorgente e derivatore per tensione di controllo V G S nulla (cioè R O è la resistenza di canale a riposo) e dalla curva di figura 14 si può notare come la resistenza offerta dal TEC cresca rapidamente al crescere di VG S.

In pratica per $V_{GS}$ =-$V_P$ si può raggiungere e superare di 10.000 volte il valore di $R_{DS}$ a riposo ($R_O$) ottenendosi perciò un'ampia variazione resistivi controllata a tensione.

Un circuito pratico per realizzare questo effetto è riportato in figura 15. Qui si è fatto in modo che al variare della tensione di controllo $V_B$ la giunzione del TEC resti sempre polarizzata in senso inverso onde evitare forti correnti d'ingresso.

# Transistore ad effetto di campo M.O.S.

## *Premessa*

Un particolare transistore ad effetto di campo è stato realizzato nei laboratori RCA durante il 1962 dagli scienziati Hofstein e Heimen (vedi introduzione storica) e denominato dagli stessi ideatori «transistore ad effetto di campo M.O.S.».

Le lettere M.O.S. sono le iniziali di «Metal Oxide Semiconductor» (oppure «Silicon») e questo termine deriva dal fatto che il funzionamento del transistore M.O.S. si basa appunto su di una struttura «Metallo-Ossido-Semiconduttore».

Caratteristica peculiare del TEC-M.O.S. (detto anche MOST) è una elevatissima impedenza d'ingresso (fino a $10^{15}$ ohm), paragonabile solo a quella dei tubi per applicazioni elettrostatiche.

La tecnologia MOS, derivata da questo transistore, sta oggi dando un notevole impulso all'integrazione circuitale per la sua semplicità e basso costo ed è prevedibile che in futuro il transistore MOS e tutta la sua tecnologia saranno elementi fondamentali di circuiti integrati complessi (Large Scale Integration).

Può essere curioso notare come il TEC-MOS realizza in pratica la primissima idea di un dispositivo amplificatore allo stato solido, idea comparsa nel 1930.

## *Caratteristiche del TEC-MOS*

Dal punto di vista delle caratteristiche esterne il TEC-MOS appare come un transistore ad effetto di campo a giunzione con in serie all'elettrodo griglia un condensatore di bassa capacità (figura 1).

I suoi simboli elettrici sono riportati in figura 2 e ne rispecchiano la particolare struttura. Si noti il quarto elettrodo indicato con $B_G$ griglia di massa (Bulk Gate), generalmente collegata internamente all'involucro al terminale di sorgente.

Va premesso che il TEC-MOS si differenzia per funzionamento da qualsiasi altro noto componente, sia esso solido o a vuoto e che le sue particolari caratteristiche consentono semplificazioni circuitali finora mai ritenute attuabili, vuoi per il suo utilizzo ad accoppiamento diretto, vuoi per la possibile totale assenza di ogni polarizzazione d'ingresso e di ogni circuito di stabilizzazione termica.

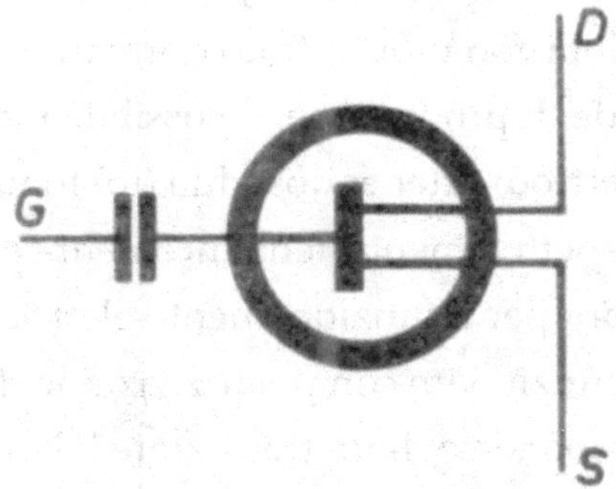


**Figura 1 – TEC-MOS=TEC+condensatore di griglia**

La zona di canale si trova subito sotto uno strato isolante di biossido di silicio e la sua conduttività dipende dalla tensione applicata all'elettrodo «griglia».

Allorché scorre una corrente elettrica tra sorgente e derivatore per il tramite della zona di canale (corrente elettrica determinata dal flusso di cariche maggioritarie, negative nel nostro caso), un'eventuale tensione applicata tra griglia e sorgente genera nel canale un effetto di campo che modifica lo stato delle cariche negative mobili presenti e quindi modula la corrente che fluisce tra sorgente e derivatore.

Per la particolare struttura l'efficienza di questa modulazione è elevata e si ottiene un ottimo componente amplificatore.

Lo strato d'ossido (da cui il transistore prende il nome) è fortemente isolante per cui utilizzando come ingresso i terminali griglia e sorgente si ottengono impedenze d'entrata eccezionalmente alte, solo paragonabili a quelle ottenibili con apparecchiature elettrostatiche.

Sono comuni impedenze d'ingresso di $10^{14}$ ohm e si sono ottenuti pure valori di $10^{15}$ ohm, di gran lunga superiori alle impedenze ottenibili con tubi a vuoto normali.

Inoltre, in sede di produzione, è possibile modificare la struttura degli elettrodi ottenendosi due tipi fondamentali di TECMOS detti rispettivamente «enhancement» e «depletion » che differiscono tra loro per il funzionamento elettrico. Il tipo «depletion» può funzionare con polarizzazione di griglia nulla cioè come se si disponesse di un transistore il cui punto di lavoro ottimo si trovasse a corrente di base nulla.

Questo fatto consente la realizzazione di stadi amplificatori completamente privi di ogni polarizzazione d'ingresso e, dato che non esistono problemi di stabilità termica, sono evitabili pure le reti di stabilizzazione.

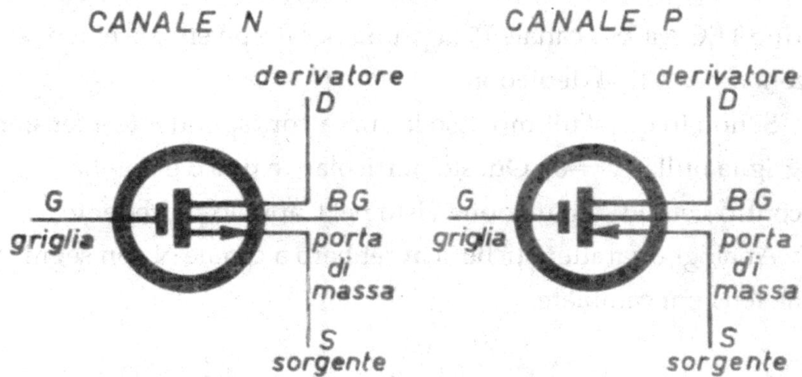


**Figura 2 - Simboli elettrici dei TEC-MOS**

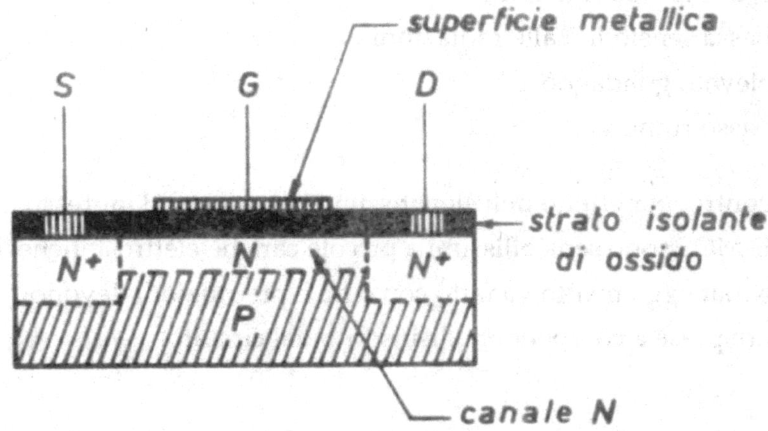


**Figura 3 - Sezione della parte attiva d'un TEC-MOS a canale N**

La semplicità circuitale che ne deriva è evidente.

Nelle figure 4 e 5 sono riportate le caratteristiche di derivatore di due TEC-MOS a canale P, la prima per il tipo enhancement e la seconda per il tipo depletion.

Si noti in quest'ultimo caso la curva corrispondente a tensioni di griglia nulla ($V_{GS}=0$). Questo particolare è tipico e non ha riscontro nel TEC a giunzione visto nel Capitolo precedente.

Analoghe caratteristiche si avrebbero a canale N con segni delle tensioni cambiate.

Schematizzando brevemente le fondamentali caratteristiche elettriche del TEC-MOS, abbiamo:

- elevatissima impedenza d'ingresso (fino a $10^{15}$ ohm) semplificazione dei circuiti d'impiego
- estrema stabilità termica
- bassa sensibilità alle radiazioni
- elevato guadagno
- basso rumore

Di contro, per effetto dell'elevatissima impedenza d'ingresso i TEC-MOS sono sensibilissimi a piccole cariche elettrostatiche: il loro maneggiamento va fatto con cura e precauzioni devono essere prese a componente disinserito dal circuito.

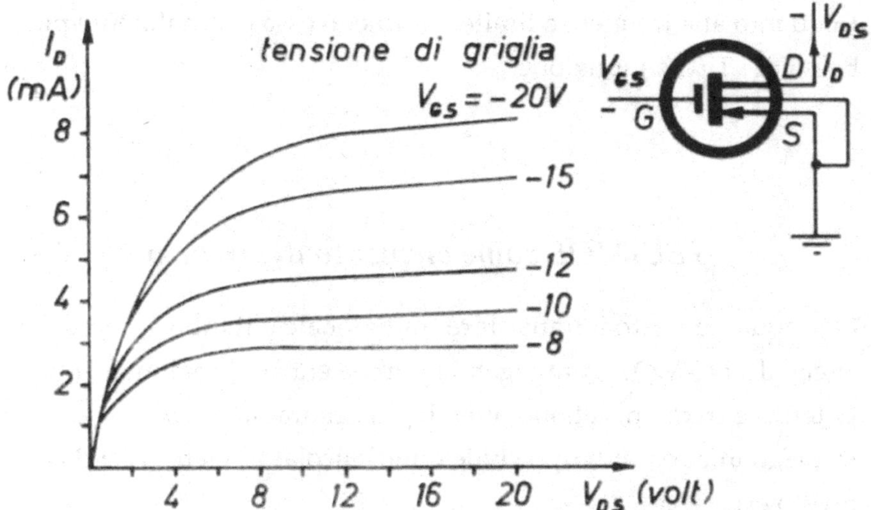


**Figura 4 - Esempio di caratteristica di derivatore per TEC-MOS enhancement a canale P**

Alcuni parametri che lo definiscono richiamano quelli gi noti del TEC a giunzione visto nel capitolo precedente. Così la transconduttanza $g_{fs}$ e la resistenza di derivatore $R_{DS}$ (simile alla ben nota resistenza di placca delle valvole).

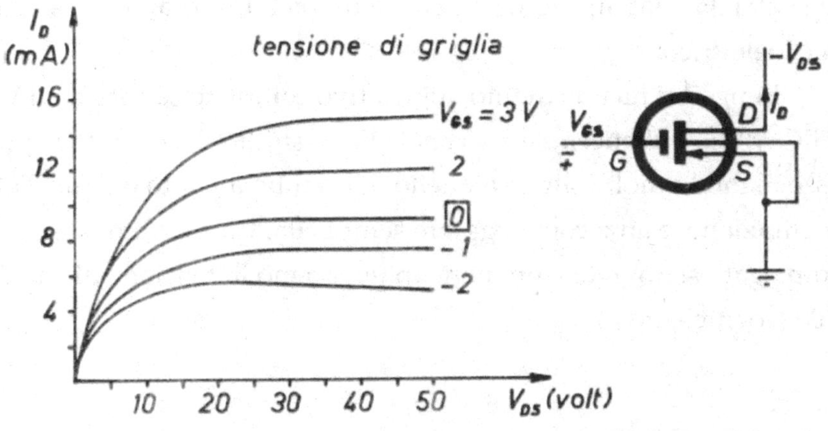


**Figura 5 - Esempio di caratteristica di derivatore per TEC-MOS depletion a canale P.**

In quanto alla frequenza limite d'impiego essa è attualmente più bassa dei TEC a giunzione.

## *TEC-MOS come elemento di circuito*

Ovunque sia usato il transistore tradizionale o il tubo a vuoto anche il TEC-MOS è impiegabile purché entro i suoi limiti di potenza e frequenza. Sono ottenibili miglioramenti con il suo impiego in circuiti di tipo civile quali calcolatori elettronici da tavolo ecc.

Un esempio di applicazione per TEC-MOS «depletion» è dato in figura 6: si noti l'estrema semplicità del circuito e, nonostante ciò, le caratteristiche di stabilità termica ottenibili sono generalmente ottime.

È assente qualsiasi polarizzazione d'ingresso e qualsiasi elemento stabilizzatore. L'impedenza d'ingresso è intrinsecamente così alta da adattarsi egregiamente a un pick-up ceramico o anche piezoelettrico.

In fig. 7 si ha un circuito applicativo completo servito da un TEC-MOS «enhancement» a canale P. Lo studio del circuito si può fare in modo molto simile a quello di un tubo a vuoto o di un TEC a giunzione, e anzi con maggiore semplicità. Col circuito impiegato si dovrebbe ottenere un guadagno in tensione di circa 200 (coefficiente p).

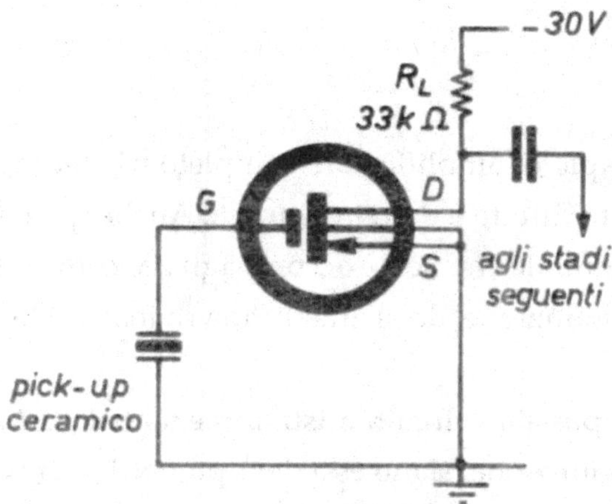


**Figura 6 - Preamplificatore BF elevata impedenza d'ingresso impiegante TEC-MOS tipo depletion a canale P**

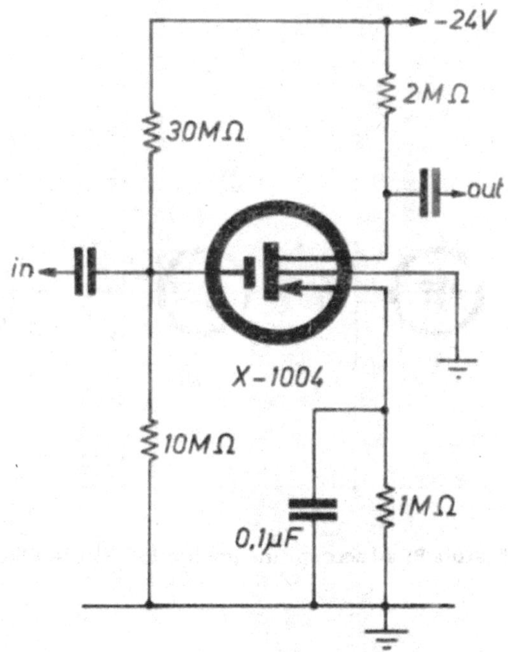


**Figura 1Figura 7 - Esempio d'impiego di TEC-MOS enhancement amplificatore BF (Generai MicroElectronics).**

Un altro esempio di amplificatore completo tri-stadio ad ac-accoppiamento diretto è dato in figura 8. Anche qui è evidente la semplicità circuitale che non è accompagnata, come nel caso del transistore bigiunzione, da alcuna forma di instabilità.

Sono poi possibili circuiti misti impieganti TEC-MOS e transistori bigiunzione, siano essi del tipo PNP o NPN. Un circuito ibrido così congegnato è riportato in figura 9, col quale si risolve il problema dell'elevata impedenza d'ingresso in circuiti transistorizzati.

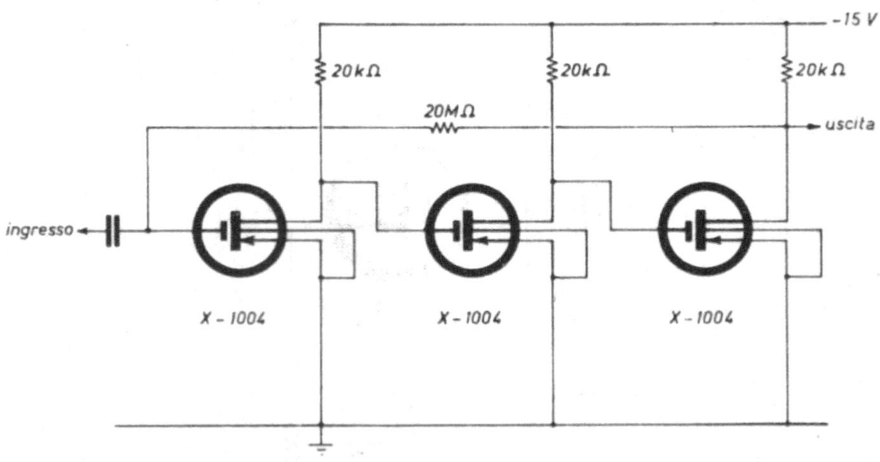


**Figura 8 - Amplificatore BF ad accoppiamento diretto (Generai Micro-Electronics)**

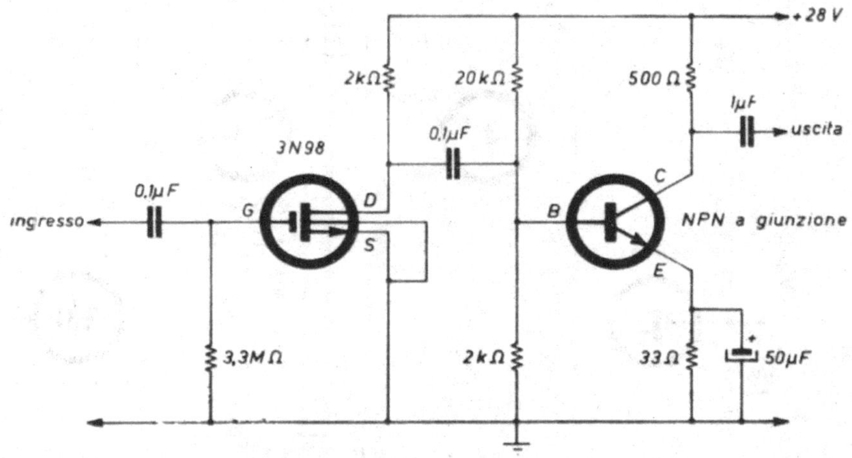


**Figura 9 - Amplificatore BF ibrido**

Il transistore NPN può essere una qualsiasi BF di piccola potenza e medio guadagno. Un altro circuito misto interessante è il «pico-amperometro» di figura 10 ancora servito con TEC-MOS «enhancement».

I transistori NPN di figura 10 è bene che siano molto simili tra loro e del tipo al silicio planari.

Solo con i TEC-MOS è reso realizzabile un tal tipo di circuito misuratore, e con opportuni altri circuiti d'impiego. non qui indicati, si può giungere a sensibilità di misura ben più alte, paragonabili a quelle effettuabili dai migliori galvanometri.

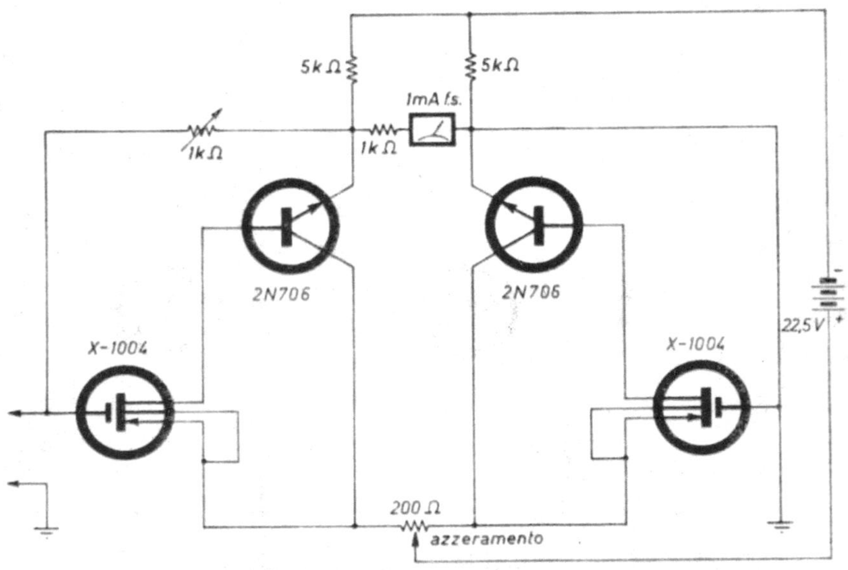


**Figura 10 - Picoamperometro (Generai Micro-Eletronics).**

## *TEC-MOS a doppia griglia*

La struttura vista all'inizio del TEC-MOS consente la realizzazione di importanti dispositivi modificati.

Sono stati immessi nel mercato dei TEC-MOS a doppia griglia (Dual-gate) dei quali sono riportati in figura 11 i simboli elettrici. Siamo quindi in possesso di dispositivi che, analogamente ai tubi elettronici, possiedono più di un elettrodo di comando e per i quali sono possibili numerose applicazioni.

La RCA ha per prima realizzato una serie di TEC-MOS a doppia griglia di tipo depletion; in figura 12 se ne riportata una possibile applicazione consigliata dalla stessa RCA.

a canale N a canale P

**Figura 11 - Simboli elettrici dei TEC-MOS a doppia griglia come indicati dalla RCA.**

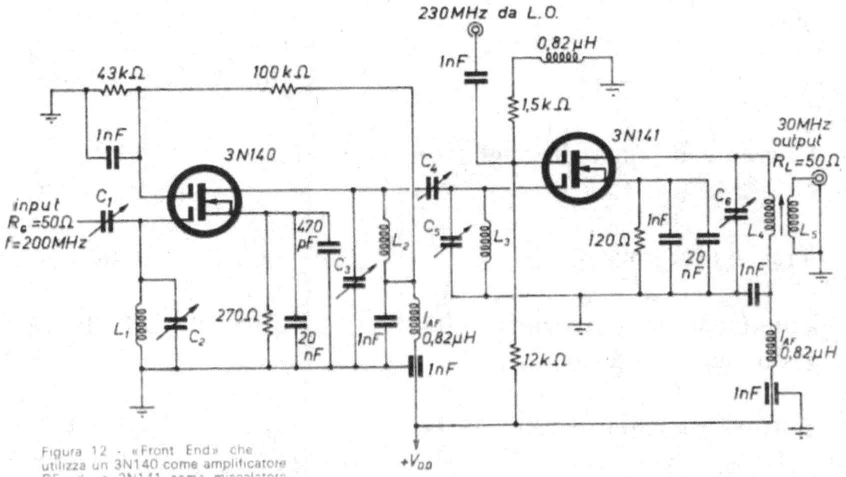


**Figura 12 – "Front End" che utilizza un 3N140 come amplificatore RF ed un 3N141 come miscelatore (RCA).**

Si tratta di un «front-end» per VHF completamente servito da TEC-MOS a doppia griglia, le cui caratteristiche possono riassumersi come segue:

- ridotta intermodulazione ridotta risposta a segnali spuri
- elevata stabilità

• elevata ampiezza di CAG con trascurabile consumo elevata stabilità termica.

I TEC-MOS a doppia griglia appaiono ideali per applicazioni nel settore delle telecomunicazioni e il loro costo non risulta alto.

A titolo indicativo si riportano le principali caratteristiche elettriche dei TEC-MOS a doppia griglia 3N140 e 3N141:

| | 3N140 | 3N141 |
|---|---|---|
| $V_{G_1S\,max}$ | −4 V | −4 V |
| $V_{G_2S\,max}$ | −4 V | −4 V |
| Corrente di fuga di griglia (max) ($I_{G_1SS}$, $I_{G_2SS}$) | 1 nA | 1 nA |
| Trasconduttanza $g_{fs}$ | 10.000 μ℧ | 10.000 μ℧ |
| Guadagno in potenza a 200 MHz (non neutralizzato) | 18 dB | 18 dB |
| Fattore di rumore (200 MHz) | 3,5 dB | 3,5 dB |

## *Conclusione*

Da quanto visto appare come il TEC-MOS sia un componente con caratteristiche elettriche insolite, caratteristiche che ne fanno un dispositivo per impieghi particolari.

Ad esempio, l'uso dei nuovi dispositivi con più elettrodi di comando e basso costo (dual-gate) risulta tecnicamente vantaggioso in molte applicazioni.

L'elevatissima impedenza d'ingresso di questi dispositivi può essere una caratteristica negativa soprattutto per la delicatezza dello strato d'ossido di silicio facilmente perforabile con l'accumularsi anche di piccolissime cariche elettriche sull'elettrodo griglia.

Il tecnico che non voglia correre rischi dovrà utilizzare questo componente con l'elettrodo (o gli elettrodi) griglia cortocircuitato verso l'elettrodo sorgente e liberare il corto circuito solo a montaggio terminato e componente inserito.

Alcuni rimedi sono stati introdotti dalle case costruttrici, ad esempio inserendo un diodo Zener tra griglia e substrato, ma logicamente questo aumenta i costi e riduce altre caratteristiche elettriche.

L'inconveniente menzionato non interessa i circuiti integrati nei quali il TEC-MOS nasce già come componente inserito in circuito.

# CIRCUITI INTEGRATI

## *Premessa*

I circuiti integrati costituiscono una evoluzione della tecnologia dei semiconduttori e si presentano per i progettisti più rivoluzionari del passaggio dai circuiti elettrici impieganti valvole ai circuiti transistorizzati.

Introdotti nella tecnica per risolvere il problema della miniaturizzazione (microelettronica), essi sono insuperabili anche per altre caratteristiche quali l'affidabilità (cioè sicurezza di funzionamento), la riproducibilità e il basso costo.

I1 Circuito integrato appare come una necessità in molte applicazioni di nuovo tipo e conveniente in applicazioni di vecchio tipo. In effetti non solo può sostituire il transistore o comunque i componenti discreti così come oggi vengono impiegati, ma soprattutto, permette la realizzazione di apparecchiature altrimenti inconcepibili.

Nel prossimo futuro vedranno luce sistemi ideati grazie alla prevedibile disponibilità di circuiti integrati sempre più complessi (LSI = Large Scale Integration). Il funzionamento di giganteschi sistemi impieganti decine di milioni di componenti (transistori, resistori, diodi, ecc.), sarebbe inconcepibile senza riuscire a ridurne il numero dei componenti per aumentarne la distanza di tempo tra guasti successivi: e questo è possibile impiegando circuiti integrati complessi che pur presentando ciascuno l'affidabilità di un componente, possono compiere singolarmente la funzione di oltre 1000 componenti discreti. L'era dei circuiti integrati, quindi, è anche l'era di nuovi sistemi.

## *Circuiti integrati monolitici ed ibridi*

Prima di addentrarci nella tecnica di questi dispositivi, occorre chiarire il significato del termine «circuito integrato» secondo i più recenti indirizzi.

Attualmente con questo termine si indicano le quattro categorie diverse di microcircuiti riportate qui di seguito:

(C.I.) Circuiti integrati
- monolitici
- ibridi a chip
- ibridi a pellicola spessa (thick films)
- ibridi a pellicola sottile (thin films)

Nella letteratura tecnica più corrente quando si tratta di circuito integrato senza specificare altro ci si riferisce in genere al circuito integrato monolitico, mentre le altre tre categorie vengono indicate sempre almeno con la parola «ibrido».

In questo capitolo tratteremo esclusivamente i circuiti integrati monolitici in quanto rappresentano il più importante progresso della tecnologia dei semiconduttori, settore questo che è l'oggetto del presente libro. Qui ci limitiamo a riassumere le caratteristiche essenziali di tutte e quattro le categorie citate:

Circuiti integrati monolitici: vengono prodotti con tecniche simili a quelle per la realizzazione di transistori planari a partire da un unico cristallo di silicio (da cui il nome «monolitico»), i diversi componenti attivi e passivi sono formati per successive diffusioni e vengono poi interconnessi con uno strato di alluminio («metallizzazione»).
Questo tipo di circuito integrato si presta bene per la produzione in massa con conseguente basso costo del singolo circuito.

Circuiti integrati ibridi a chip: diversi elementi attivi vengono interconnessi con elementi passivi realizzati con semiconduttori all'interno di un medesimo involucro (analogo a quelli per transistori) e quindi interconnessi con fili d'oro per formare l'intero circuito.

Con questa tecnica si ottiene una notevole duttilità di progetto e una maggiore economicità rispetto al tipo precedente per piccole serie. Per grosse produzioni risultano antieconomici.

Circuiti integrati ibridi «a pellicola spessa»: su un supporto di ceramica ad alta percentuale di allumina si formano serigraficamente (tecnica analoga a quella usata per la produzione di circuiti stampati) gli elementi passivi ed i vari conduttori che li collegano; quindi, vi si saldano gli elementi attivi (diodi, transistori, e volendolo circuiti integrati monolitici), sia col loro involucro standard sia con speciali involucri sub-miniatura.

Con questa tecnica si possono realizzare praticamente tutti i circuiti elettronici a semiconduttori discreti attualmente in uso senza modificarne sostanzialmente il progetto di base e conservandone l'elevato grado di libertà di progettazione.

La tecnica del «film spesso» sta assumendo una certa importanza grazie alla messa a punto di precise tecniche serigrafiche e di cottura degli elementi passivi e ne è prevedibile un notevole sviluppo.

Circuiti integrati ibridi «a pellicola sottile»: differiscono dai precedenti in quanto gli elementi passivi e i conduttori sono realizzati mediante deposizione sotto alto vuoto su supporti di ceramica lappata o vetro. Si ottengono strette tolleranze dei valori resistivi, basse derive termiche, notevole miniaturizzazione, ma di contro sono richieste delicate apparecchiature per la deposizione sotto alto vuoto.

Anche questi circuiti integrati vengono applicati in numerose apparecchiature professionali e il loro numero è destinato a crescere nel futuro.

Le quattro categorie di circuiti integrati ora viste presentano caratteristiche peculiari e nelle applicazioni industriali si tiene conto dei limiti che ciascuna categoria presenta.

Nella pagina seguente si riporta usta una tabella indicativa della gamma di valori realizzabili per i singoli componenti.

Nella tabella sono indicati i valori ottenibili per ciascuna categoria. In pratica è economico realizzare circuiti i cui componenti abbiano valori resistivi e capacitivi al centro delle gamme indicate e non agli estremi.

Da quanto visto risulta che l'integrazione circuitale ha dei limiti ben precisi in quanto non tutti i componenti discreti noti sono riproducibili nella forma integrata.

In particolare, per i circuiti integrati monolitici questi limiti sono molto stretti e occorrono progettazioni circuitali del tutto nuove, per evitare che il circuito da integrare presenti componenti con caratteristiche fuori dei limiti consentiti o comunque per evitare che i componenti richiedano valori antieconomici.

| parametri | circuiti integrati monolitico | a chip | a pellicola spessa | a pellicola sottile |
|---|---|---|---|---|
| resistenze | 25 ÷ 50.000 Ω | 2 ÷ 250.000 Ω | 10 Ω ÷ 10 MΩ | 10 ÷ 100.000 Ω |
| tolleranza delle resistenze | ± 15 % | ± 15 % | ± 10 % | ± 5 % |
| deriva termica resistenze | 1.500 ÷ 2.800 ppm/°C | 1.500 ÷ 2.800 ppm/°C | ± 300 ÷ ± 100 ppm/°C | ± 100 ÷ 0 ppm/°C |
| valori max dei condensatori | 1.500 pF | 1.500 pF | 10.000 pF | 30.000 pF |
| tensioni max | 50 V | 50 V | 100 V | 50 V |
| componenti attivi | limitati | qualsiasi | da applicare | da applicare |
| producibilità in massa | ottima | scarsa | discreta | scarsa |

([1]) Significa: numero di parti per milione al °C

L'integrazione dei circuiti comporta quindi anche una nuova concezione di progettazione che tenga conto della tecnologia scelta.

Così, nel progettare un circuito integrato monolitico deve essere ridotto al massimo il numero delle resistenze e dei condensatori (questi ultimi meglio eliminarli) e occorre utilizzare il maggior numero possibile di elementi attivi (transistori NPN e diodi) il cui costo di produzione con questa tecnologia è inferiore al costo di produzione degli elementi passivi.

Non deve perciò meravigliare se osservando lo schema elettrico di un circuito integrato monolitico vi si scoprono un gran numero di transistori facilmente sostituibili da resistenze o altri componenti passivi se considerati da un punto di vista puramente elettrico.

Nel seguito noi tratteremo unicamente di circuiti integrati monolitici indicandoli semplicemente con «circuiti integrati» o con «c.i.», il cui sviluppo ha raggiunto livelli eccezionali e dai quali è da attendersi una forte influenza per tutta l'elettronica.

Prima di addentrarci in problemi specifici è interessante osservare come sia progredita la miniaturizzazione dai tubi elettronici ai circuiti integrati.

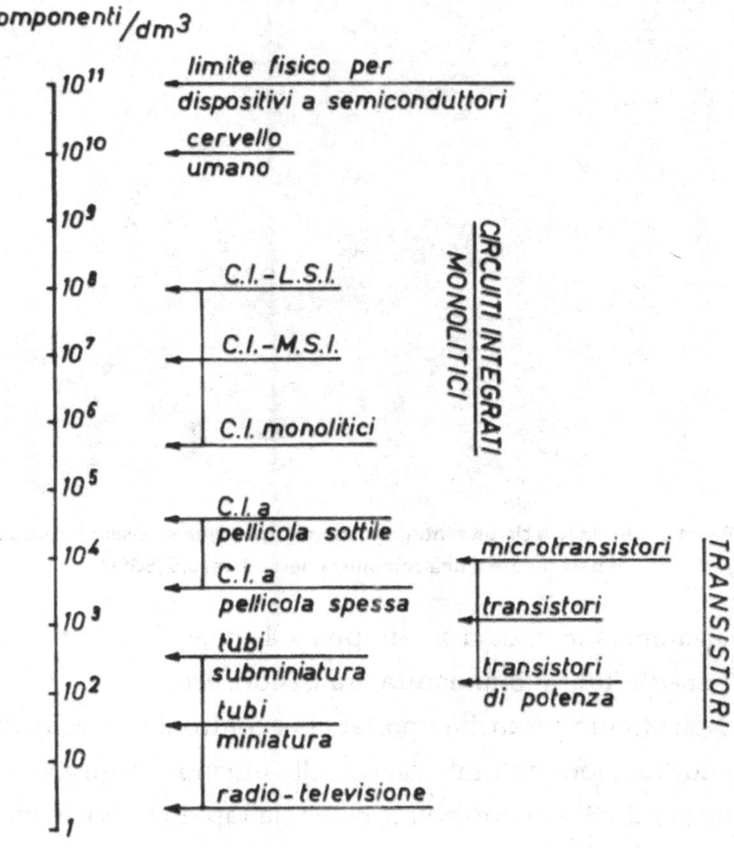


**Figura 1 - Scala delle miniaturizzazioni**

Come rilevabile dalla figura I (in cui è riportato in scala logaritmica il numero dei componenti contenibili in un decimetro cubo) si passa da qualche componente per dm' dei normali apparecchi a valvole radio-televisivi alle centinaia di migliaia di componenti per $dm^3$ dei moderni c.i. monolitici fino alle decine di milioni di componenti per dm' dei c.i. monolitici L.S.I. di prossima produzione.

**Figura 2 - Un singolo circuito integrato monolitico prima di essere incapsulato paragonato a una comune lametta di rasoio (SGS).**

Nella gamma intermedia si sviluppano le densità di tutti gli altri componenti (tubi subminiatura, transistori, ecc.).

Nella figura 1 è anche riportato per confronto il livello di miniaturizzazione naturale del cervello umano (10 miliardi di cellule per dm3) e si può notare come sia rapido l'avvicinamento a questo livello di miniaturizzazione da parte della tecnica elettronica.

Nella figura 1 è riportato il «limite fisico per dispositivi a semiconduttori» alla cui miniaturizzazione non si può giungere in quanto esso rappresenta quel livello di densità al quale gli effetti fisici che sono alla base della fenomenologia dei semiconduttori non hanno più luogo.

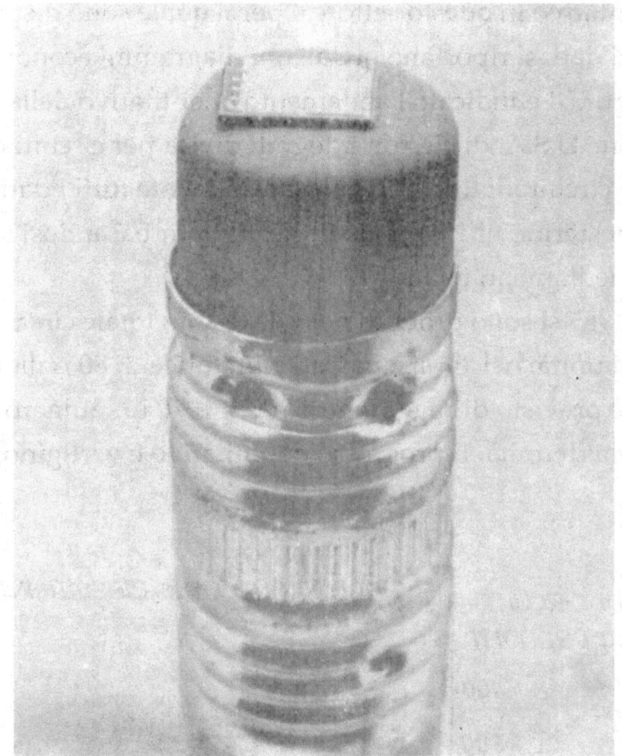

**Figura 3 - Circuito integrato complesso appoggiato sul gommino di una matita.**

Le foto di figura 2 e figura 3 danno un'idea visiva del livello di miniaturizzazione possibile con i c.i. monolitici: in figura 3 sul gommino di una matita è collocato un circuito integrato equivalente a 456 componenti discreti e non si tratta ancora di un L.S.I.

## *Situazione economica dei circuiti integrati.*

Facendo riferimento al mercato statunitense che è il più rappresentativo in questo settore e per il quale sono disponibili esaurienti dati, si riportano qui alcuni diagrammi economici.

In figura 4 è indicato l'andamento quantitativo della produzione U.S.A. di circuiti integrati divisa per circuiti di tipo digitale e circuiti di tipo lineare. Naturalmente tutti i dati relativi ad anni posteriori al 1968 sono indicativi pur basandosi sui ben precisi orientamenti in atto.

Nel 1965 si sono prodotti negli U.S.A. in totale circa 9,5 milioni di unità, nel '67 si è passati a un totale di 80 milioni di unità ed è previsto di raggiungere per il 1970 un numero totale di 480 milioni di unità. Il progresso quantitativo è vertiginoso.

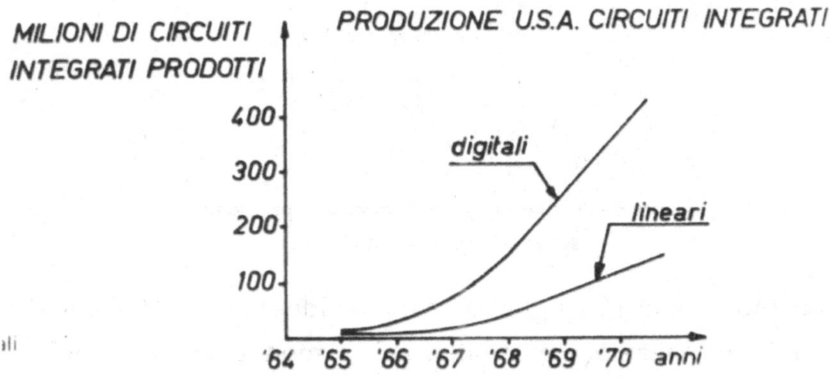


**Figura 4 - Andamento della produzione di circuiti integrati digita) e lineari**

I diagrammi di figura 5 indicano l'andamento del prezzo medio di vendita unitario in dollari per tipi lineari e per tipi digitali.

Il prezzo medio per unità lineare è previsto che scenda da circa 25 dollari del 1965 a circa 1,4 dollari del 1970.

Il prezzo medio per unità digitale è previsto che passi dai 7 dollari del 1965 a circa 1 dollaro nel 1970.

Il diagramma di figura 6 indica la «complessità» di massima convenienza di un singolo c.i. in funzione degli anni.

È dimostrato come con il miglioramento delle tecnologie produttive il costo del singolo componente in un c.i. diminuisca aumentando la complessità del c.i. stesso.

Così un c.i. di massima convenienza nel 1962 integrava 10 componenti (la tecnologia di allora non permetteva una integrazione più spinta), nel 1966 la massima convenienza si aveva integrando più di 50 componenti.

Nel 1968 il miglioramento delle tecnologie consente un massimo vantaggio con più di 200 componenti per c.i. (siamo nella zona M.S.I., ossia integrazione a media scala).

Si prevede che nel 1970 la massima convenienza si avrà con 1000 componenti per c.i. (siamo nella zona L.S.I. ossia integrazione su larga scala) per arrivare a oltre 5000 componenti per c.i. nel 1972.

Questo significa che il costo dei singoli componenti di cui un c.i. è formato scende enormemente, e a valori impensabili per componenti discreti.

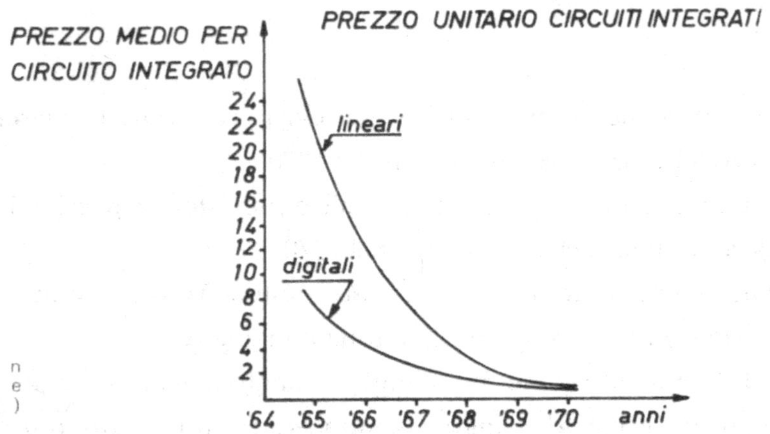


**Figura 5 - Prezzo medio unitario in dollari di circuito integrato digitali e lineari negli U.S.A. (1 dollaro=625 Lit. Da Electronics Voi. 40-n. 16**

Consideriamo infatti il diagramma di figura 3: da esso si rileva che il costo medio di un c.i. sarà nel 1970 presumibilmente intorno a un dollaro (625 lire), ma a quell'epoca si può ritenere anche che la complessità media dei c.i. prodotti avrà raggiunto per lo meno le centinaia di componenti per c.i. (diagramma di figura 6).

Il costo medio per componente quindi potrà essere inferiore al centesimo di dollaro (6,25 lire).

Considerando che per la stragrande maggioranza i componenti integrati sono transistori, il costo per transistore integrato sarà inferiore a 6 lire.

Questo valore, apparentemente molto basso, è comunque largamente superiore alle previsioni minime degli anni '70, per i quali si parla di costi per transistore in c.i. minori di 1 lira (particolarmente per i transistori MOS dell'integrazione su larga scala). Tutte queste considerazioni valgono essenzialmente per c.i. di tipo digitale in quanto è proprio in applicazioni digitali (calcolatori elettronici) che sono richieste enormi quantità di componenti con un minimo numero di circuiti elettrici di base e quindi di agevole integrazione e favorevole produzione.

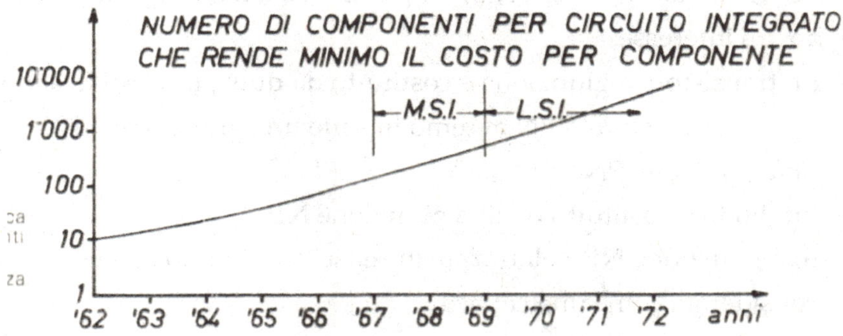


**Figura 6 - Questo diagramma indica il numero di componenti equivalenti da integrare in un unico circuito integrato per la massima convenienza economica (minimo costo per componente) nei diversi anni**

Del resto, i circuiti integrati che stiamo trattando sono nati proprio come digitali e solo in seguito si è vista la possibilità e l'opportunità di realizzare anche alcuni basilari circuiti integrati lineari.

Questi ultimi non sono destinati a raggiungere la complessità dei circuiti digitali perché il tipo delle loro applicazioni non lo consente.

Per quanto riguarda gli orientamenti tecnologici per il conseguimento di circuiti molto complessi quali i L.S.I., vedremo in dettaglio in un prossimo paragrafo i problemi ancora da risolvere e le varie tendenze. Da quanto descritto appare chiaro come i circuiti integrati siano realmente quella rivoluzione tecnica ed ancora più, economica, indicata nella premessa.

## *Origine logica di un circuito integrato monolitico*

Studiando nel primo capitolo la fisica dei dispositivi a semiconduttore, abbiamo appreso alcuni fatti che sono essenziali per la comprensione dei circuiti integrati.

Si richiamano qui di seguito i punti essenziali che saranno ora di nostro interesse:

- un transistore a giunzione è costituito da due giunzioni in serie: per un transistore NPN avremo in serie una giunzione NP e una giunzione PN
- un diodo è costituito da una giunzione NP
- una giunzione NP polarizzata in senso diretto può essere considerata come una capacità
- una giunzione N-P polarizzata in senso inverso non conduce o conduce poco e può essere considerata come isolante.

A questo va aggiunto che un blocco di monocristallo sia N sia P presenta una certa resistenza propria, e quindi resistenze possono essere realizzate con opportuni elementi semiconduttori P o N.

Perciò transistore a giunzione, diodo, condensatore e resistore possono essere realizzati con elementi semiconduttori come indicato in figura 7a).

Immaginiamo ora di volere realizzare un circuito integrato (monolitico) secondo lo schema elettrico di figura 7b. In questo circuito rileviamo la presenza dei seguenti elementi:

- 1 transistore NPN ($T_1$)
- 3 resistori ($R_1$, $R_2$, $R_3$)
- 1 condensatore ($C_1$)
- 1 diodo ($D_1$).

Utilizzando gli elementi semiconduttori di figura 7a realizziamo il circuito elettrico come indicato in figura 7c.

Qui compaiono tutti elementi semiconduttori separati tra di loro (cioè discreti), ciascuno dei quali compie la funzione del corrispondente simbolo elettrico.

Sorge naturale a questo punto il per formare un circuito più compatto come quello di figura 7d riunire insieme alcuni elementi dello stesso tipo (P e N)

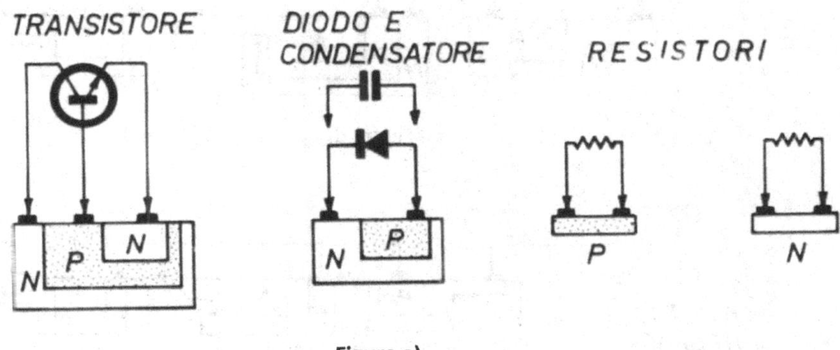


Figura a)

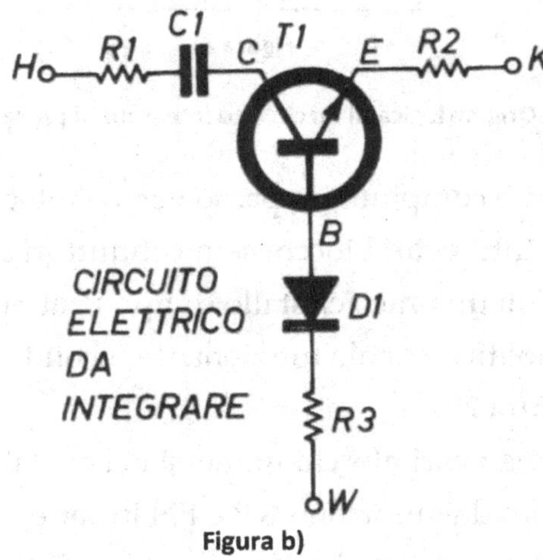


Figura b)

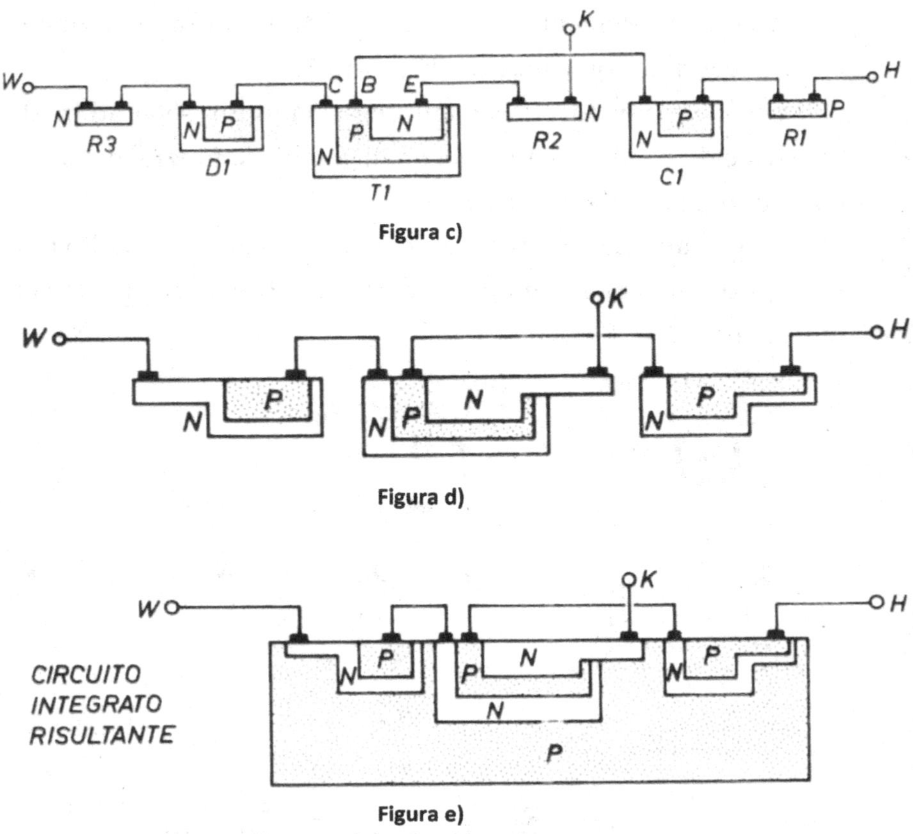


**Figura 7 - Origine logica di un circuito integrato. Il processo va a) ad e)**

Abbiamo con ciò compiuto un passo verso l'integrazione. Riuniamo ora tutti i vari blocchi semiconduttori come in figura 7e immergendoli in un unico cristallo di tipo P: abbiamo il «circuito integrato monolitico» finale funzionante secondo lo schema elettrico di figura 7b.

Si noti come i vari blocchi immersi nel cristallo P finale siano isolati fra di loro da giunzione NP e PN in serie (isolamento a meno di inevitabili dispersioni) e come quindi ciascun elemento integrato compia la sua funzione restando isolato elettricamente dagli altri.

Allo stesso modo si possono integrare un gran numero di circuiti elettrici, purché i vari componenti siano compatibili con questa tecnologia e rientrino nei limiti visti nel precedente paragrafo 2.

Il semplice esempio qui illustrato è solo un espediente per spiegare l'origine di un c.i. da un punto di vista logico; nella produzione industriale tutti i componenti vengono preparati contemporaneamente e, anzi, si preparano contemporaneamente centinaia di c.i. ciascuno con tutti i suoi componenti. Anche l'interconnessione tra i vari componenti è fatta contemporaneamente, mediante una speciale metallizzazione d'alluminio. In ciò sta l'economicità di questi circuiti, ma vedremo meglio nel prossimo paragrafo come si producono realmente i circuiti integrati.

## *Produzione dei circuiti integrati*

La produzione industriale di c.i. può essere divisa per grandi linee in quattro fasi (figura 8):

a) «Studio e definizione dello schema elettrico» che il singolo circuito integrato dovrà realizzare. Occorre tener presente i limiti e la compatibilità di ciascun componente, eventualmente complicando il circuito stesso allo scopo di evitare la presenza di valori resistivi inopportuni o elevate capacità. Stabilita «l'integrabilità» del circuito definitivo, si procede alla fase seguente.

b) «Progettazione e realizzazione delle maschere di precisione». La configurazione delle varie diffusioni, ossidazioni e metallizzazioni per realizzare i vari componenti (diodi, transistori, ecc.) è controllata da precise maschere ad elevatissima definizione ottenute riducendo disegni giganti con speciali apparecchiature fotografiche.

c) «Ossidazioni diffusioni e metallizzazione». Questi processi sono tipici della produzione di transistori planari al silicio. Qui rappresentano il cuore di tutta la produzione e con essi nascono i singoli componenti e le loro interconnessioni. Vedremo in dettaglio questa fase nel seguito.

d) «Separazione dei singoli c.i., prove preliminari, incapsulamento e prove finali». I singoli c.i. in forma di «chips» vengono provati con speciali macchine semiautomatiche (figura 9) quindi incapsulati e nuovamente provati per la verifica finale e per la classificazione mediante speciali apparecchiature, in genere molto complesse e controllate spesso da calcolatori elettronici (figura 10).

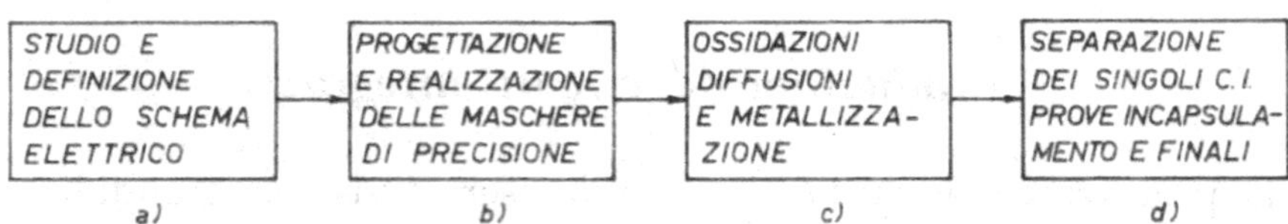


**Figura 8 - Principali fasi di produzione dei circuiti integrati**

Il circuito integrato è così pronto per essere utilizzato. Vediamo ora la seconda fase, quella in cui nascono i vari componenti, che è indubbiamente la più interessante del processo e tipica della moderna tecnologia dei semiconduttori. Si parte da dischi (fette) di silicio monocristallino a droga-tura P ricavati per taglio di barre opportunamente trattate.

dischi (il cui diametro misura qualche centimetro) vengono lappati e ridotti al voluto spessore (minore di un decimo di mm):

ogni disco contiene potenzialmente da decine a centinaia di c.i. a seconda della complessità e quindi della superficie occupata da ciascuno.

Per comodità d'esposizione considereremo un singolo c.i. e tutta la sua storia fino al termine del processo, intendendosi però che il processo di produzione avviene per tutto il disco completo.

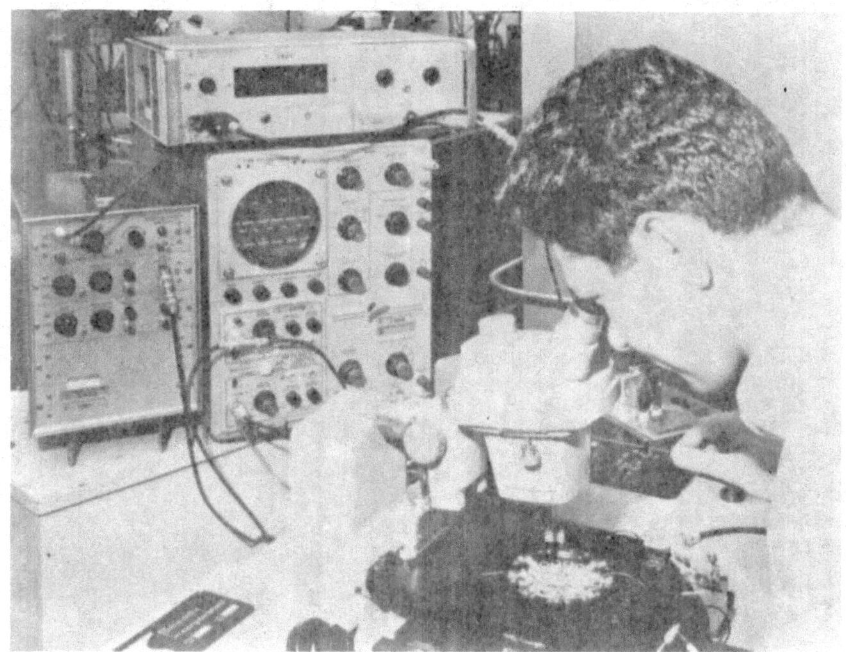

**Figura 9 - Prove elettriche preliminari (Sylvania)**

In figura 11 si ha la porzione della fetta di silicio tipo P di partenza, relativo a un singolo c.i.

Per accrescimento epitassiale si genera un sottile strato a leggera drogatura N (figura 12), quindi si pone la fetta in forno ossidante ad alta temperatura per formare sulla sua superficie uno strato d'ossido (SiO2). Con tecnica fotolitografica, basata sulle maschere preparate in precedenza alla fase a), e attacco chimico, si aprono opportune «finestre» nell'ossido che ricopre lo strato epitassiale (figura 13).

Attraverso le finestre aperte si diffondono impurità di tipo P (atomi di Boro) fino a una profondità tale da creare delle isole N completamente separate fra di loro da silicio P (figura 14).

**Figura 10 - Sistema automatico per la misura e la selezione di circuiti integrati. La foto mostra l'apparecchiatura in grado di verificare e selezionare l'intera produzione di 1800 circuiti/ora**

Queste zone P. così diffuse, sono dette «zone di isolamento» e hanno appunto la funzione di tenere separate le varie isole N.

La diffusione delle impurità non avviene attraverso lo strato d'ossido che ha l'importante funzione di schermo alle diffusioni.

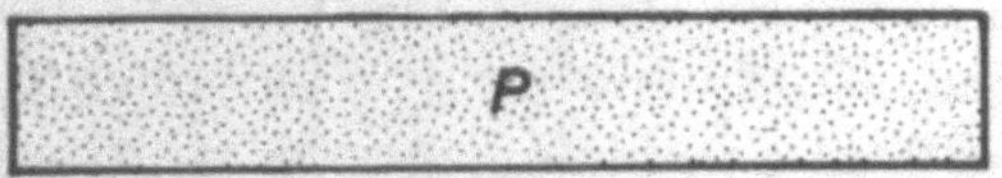


Figura 11 - Fetta di silicio di partenza a drogatura P.

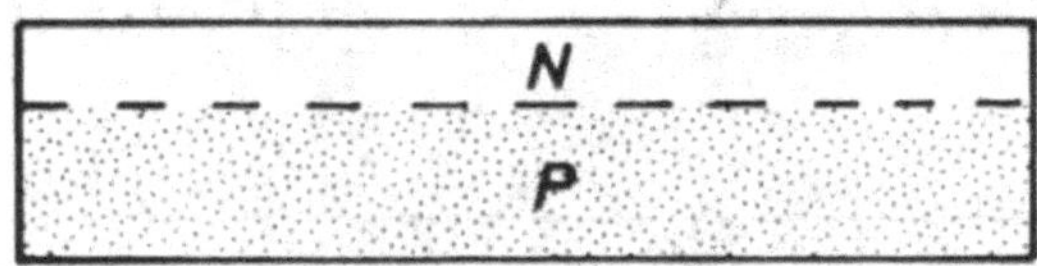


Figura 12 - Accrescimento epitassiale di un sottile strato N.

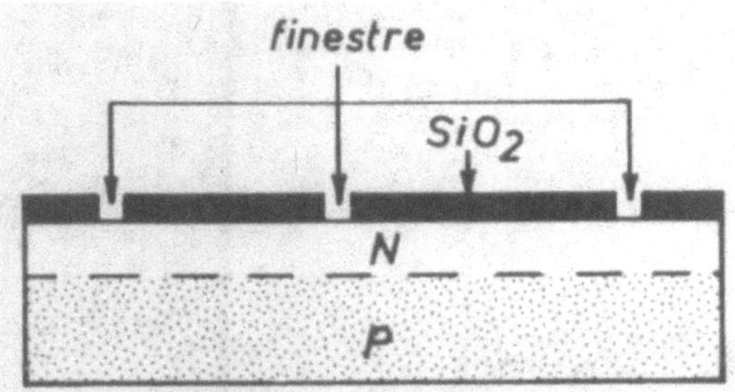


Figura 13 - Diffusione di «zone d'isolamento» mediante impurità di tipo P.

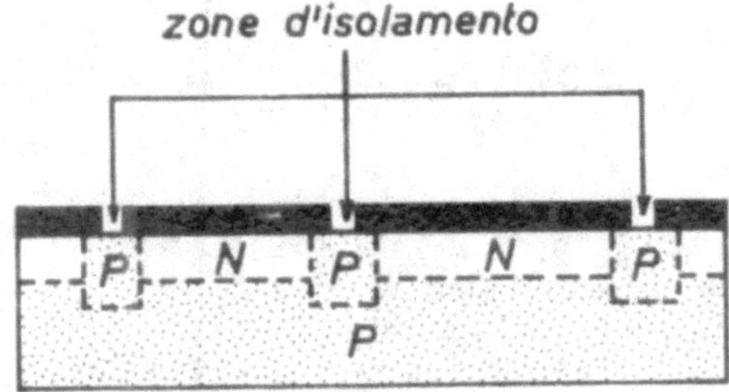


Figura 14 - Formazione di uno strato di biossido di silicio ($SiO_2$) e apertura di finestre mediante processi fotolitografici e di attacco chimico.

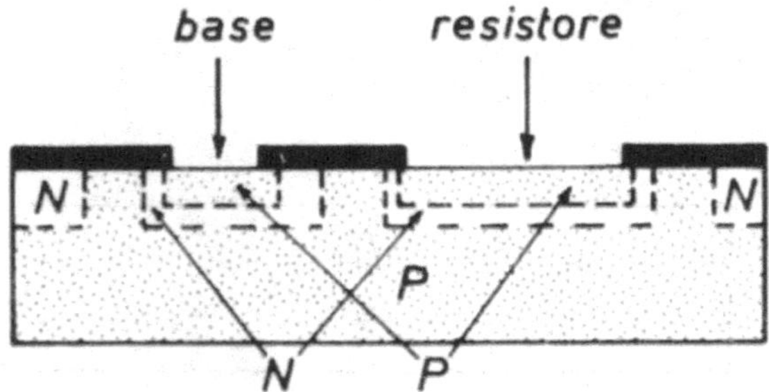


Figura 15 - Si chiudono le finestre di figura 14 mediante ossidazione e se ne aprono di nuove attraverso le quali si diffondono impurità di tipo P per formare le basi dei transistori, gli anodi dei diodi e i resistori.

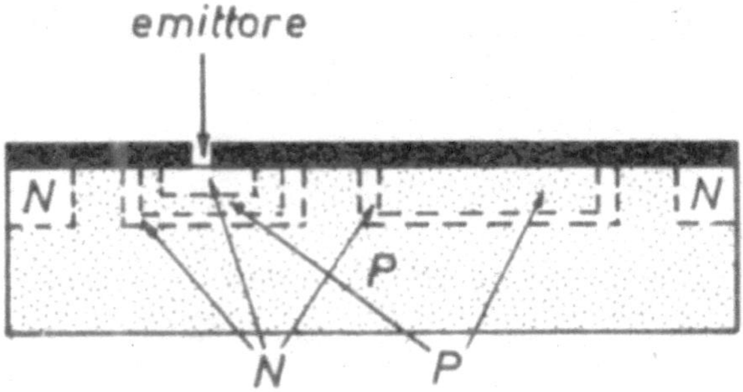


Figura 16 - Si chiudono le finestre di figura 15 mediante ossidazione e se ne aprono di nuove attraverso le quali si diffondono impurità di tipo N per formare gli emittori dei transistori.

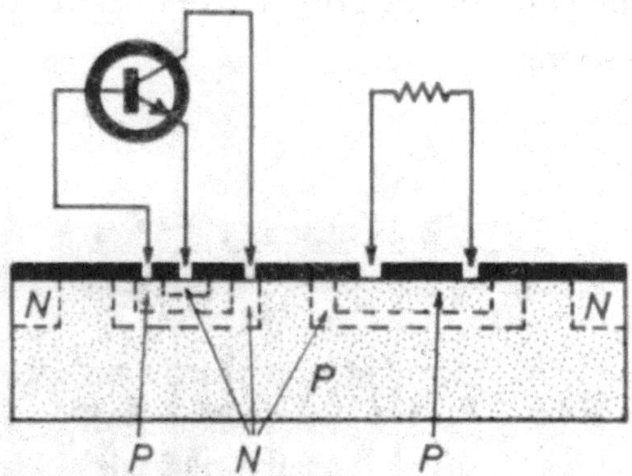


Figura 17 - Si chiudono le finestre di figura 16 e si aprono tutte le finestre necessarie per i collegamenti tra vari componenti. Le diffusioni sono terminate ed i componenti sono ora completi e vanno interconnessi.

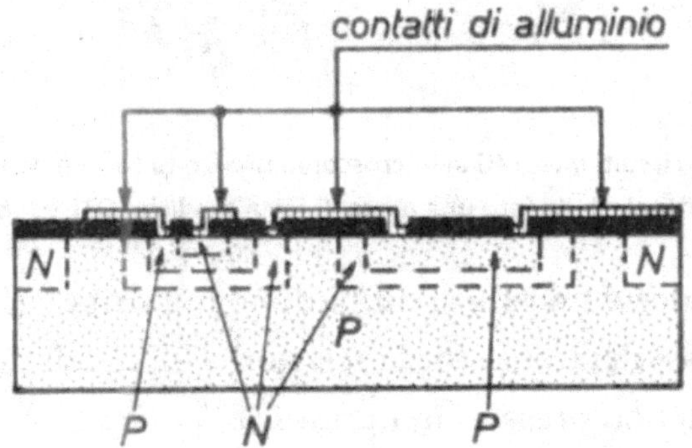


Figura 18 - Mediante metallizzazione con film d'alluminio per evaporazione sotto vuoto si interconnettono tutti i componenti. Il circuito integrato è ora completo.

Nelle isole di tipo N così preparate si formeranno i vari componenti (transistori, diodi, ecc.) che resteranno separati fra loro dallo strato P di partenza e dalle zone P d'isolamento. Per procedere occorre riossidare completamente la struttura di figura

14 (chiusura delle finestre) e aprire nuove finestre con lo stesso processo visto sopra.

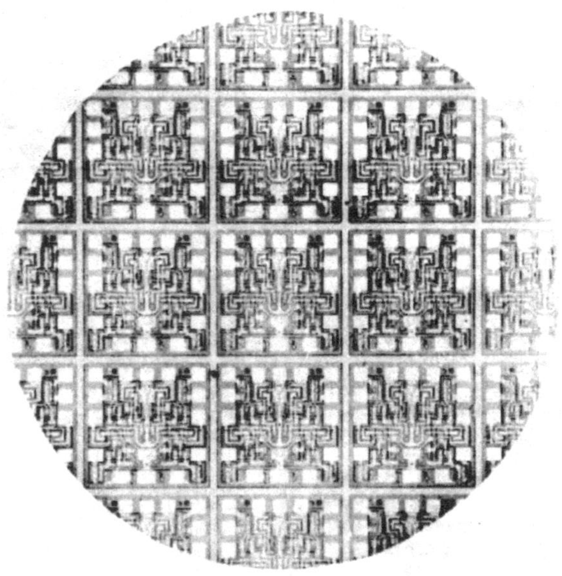

**Figura 19 - circuiti integrati al microscopio una volta terminata la fase delle metallizzazioni. Nella foto una parte di fetta di silicio (DTL 8946 della SGS)**

Attraverso queste finestre si diffondono impurità P (figura 15) per formare le basi dei transistori, i resistori e gli anodi dei diodi (questi ultimi non presenti in figura 15).

La formazione degli emittori dei transistori richiede un'altra diffusione di tipo N questa volta; per realizzarla si ossida la struttura di figura 15, si aprono nuove finestre nell'ossido in corrispondenza degli emittori e si diffondono atomi di impurità N (figura 16).

Con la struttura di figura 16 sono terminate tutte le diffusioni e i singoli componenti devono ora essere interconnessi per realizzare il circuito elettrico definitivo.

Per ottenere questo, si ossida nuovamente la struttura richiudendo tutte le finestre di figura 16 e se ne aprono di nuove in corrispondenza a tutti i punti che devono essere collegati metallicamente.

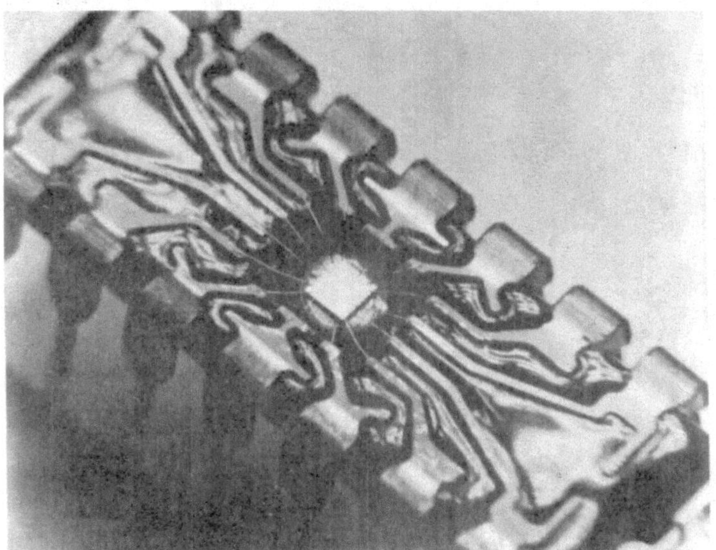

**Figura 20 - Circuito integrato montato e collegato, prima della chiusura. (La foto riporta il primo c.i. interamente progettato e prodotto in Italia presso i laboratori SGS) denominato FA1, integra 17 transistori, 24 diodi e 34 resistenze**

L'apertura di queste ultime finestre (figura 17) rende accessibili i vari elettrodi dei componenti, il cui collegamento avviene mediante deposizione di un sottile film di alluminio su tutta la superficie del c.i. Rimosse le zone del film d'alluminio non desiderate, mediante i soliti metodi fotolitografici, si ottiene il c.i. definitivo di figura 18.

Anzi di questi c.i. se ne saranno formati molti, tutti uniti sulla stessa fetta di silicio (vedi figura 19). Per essere incapsulati dovranno prima venire separati mediante tagli orizzontali e verticali, poi ciascun c.i. sarà posto nel suo involucro e collegato ai terminali esterni mediante microsaldature, quindi chiuso ermeticamente.

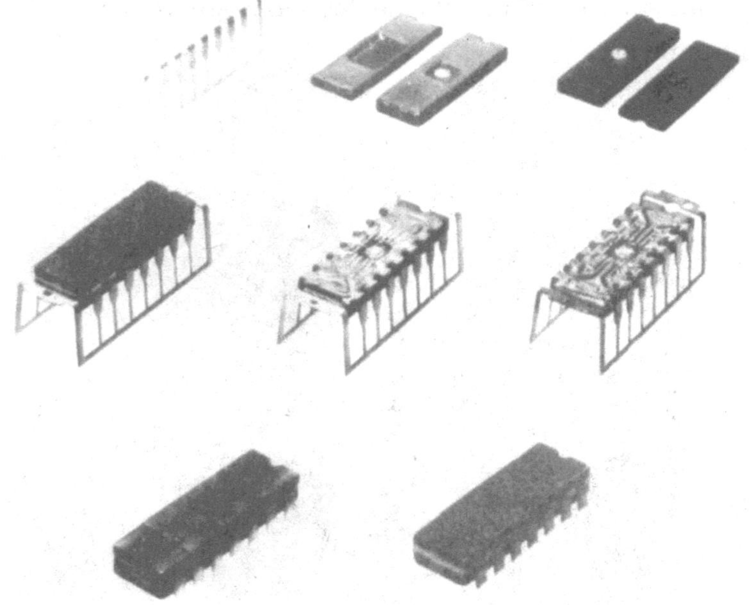

**Figura 21 - Fasi d'incapsulamento**

Nella foto di figura 20 si può osservare il c.i. collocato nel suo involucro, prima della chiusura e con già realizzati tutti i collegamenti esterni.

La foto di figura 21 riproduce sinteticamente le varie fasi finali dell'incapsulamento che portano al dispositivo finito, così come lo si può reperire in commercio.

I contenitori più in uso per c.i. sono riportati in figura 22. li tipo TO-5 modificato con 8 o 12 terminali tende ad essere sempre più sostituito dal moderno e funzionale «Dual-InLine», soprattutto per la sua maneggevolezza. Il contenitore «Flat-Pack» è più piccolo del «Dual-In-Line» e viene utilizzato di preferenza dove è richiesta elevata compattezza circuitale.

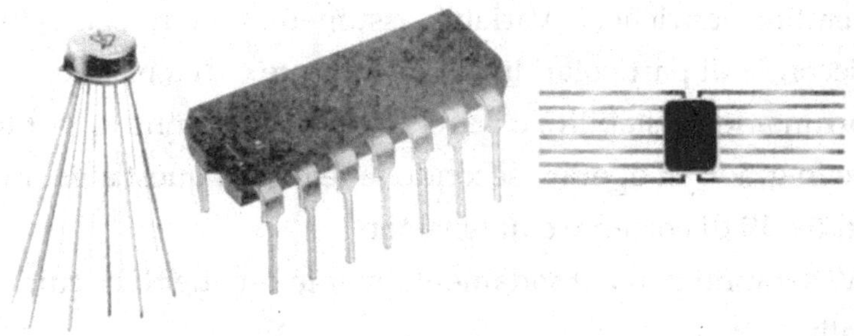

**Figura 22 - Contenitori di circuiti integrati**

## *Circuiti integrati digitali*

L'elaborazione dei dati attuata dai calcolatori elettronici e in tutte quelle apparecchiature ormai diffusamente dette «digitali» o «numeriche», viene effettuata da alcuni circuiti elettrici logici collegati secondo regole ben definite. Di questi circuiti elettrici logici sono richiesti in genere grandi quantitativi di pochi tipi fondamentali.

I circuiti logici vengono collegati per formare i vari sistemi secondo regole studiate dai progettisti di sistemi i quali, tenendo conto della funzione finale di tutto il sistema, ne definiscono le interconnessioni.

Queste regole sono espresse dall'algebra di Boole e i singoli circuiti logici compiono operazioni secondo quest'algebra.

Non è opportuno addentrarci qui nella teoria che richiederebbe più di questo intero volume; si accenna soltanto al fatto che nell'algebra di Boole le variabili possono assumere solo due stati (simbolicamente indicati con 0 e 1) e che le operazioni tra queste variabili sono solo di somma (OR) e moltiplicazione (AND). Spesso la somma è indicata con «+» e il prodotto con «•», come nell'algebra ordinaria. Poiché l'elaborazione dei dati è fatta su quantità elettriche, le variabili assumeranno i diversi valori (0 e 1) a seconda di particolari livelli di corrente o di tensione opportunamente stabiliti, e i circuiti logici dovranno appunto essere in grado di operare secondo le regole di quest'algebra su questi livelli di corrente e di tensione.

Vi saranno perciò fondamentalmente i seguenti circuiti digitali:

- Circuito OR (o circuito somma): circuito logico la cui uscita è la somma secondo l'algebra di Boole dei segnali d'ingresso.
- Circuito AND (o circuito prodotto): circuito logico la cui uscita è il prodotto secondo l'algebra di Boole dei segnali d'ingresso.

Spesso invece di circuiti OR e AND si usano circuiti detti «NOR» e «NAND». Questi ultimi sono varianti dei precedenti in cui l'uscita è stata cambiata, o meglio invertita (se la somma OR di alcuni segnali fornisce un'uscita «1», la somma NOR fornisce per gli stessi segnali un'uscita «0». Analogamente per AND e NAND).

Ai circuiti logici che operano secondo le regole ora citate, e detti «circuiti logici di decisione», se ne aggiungono altri fondamentali detti «circuiti logici di memoria», in grado di ritenere i segnali che giungono ad essi per operarvi in tempi successivi.

Questi circuiti di memoria sono i «flip-flop». In figura 23 vengono riportati i principali simboli logici in uso per circuiti digitali.

Un tempo tutti i circuiti logici di decisione e di memoria erano realizzati su schede a circuito stampato e riprodotti in grandi quantitativi. Con l'avvento dei c.i. si è vista l'opportunità tecnica ed economica di realizzare i circuiti logici fondamentali in questa nuova forma.

In questo paragrafo si vuole appunto dare indicazione delle famiglie principali di circuiti logici integrati con la loro configurazione elettrica fondamentale.

Dal punto di vista circuitale i circuiti integrati digitali possono essere divisi nelle quattro famiglie RTL, DTL, TTL, ECL (figura 24) a secondo del loro schema elettrico base.

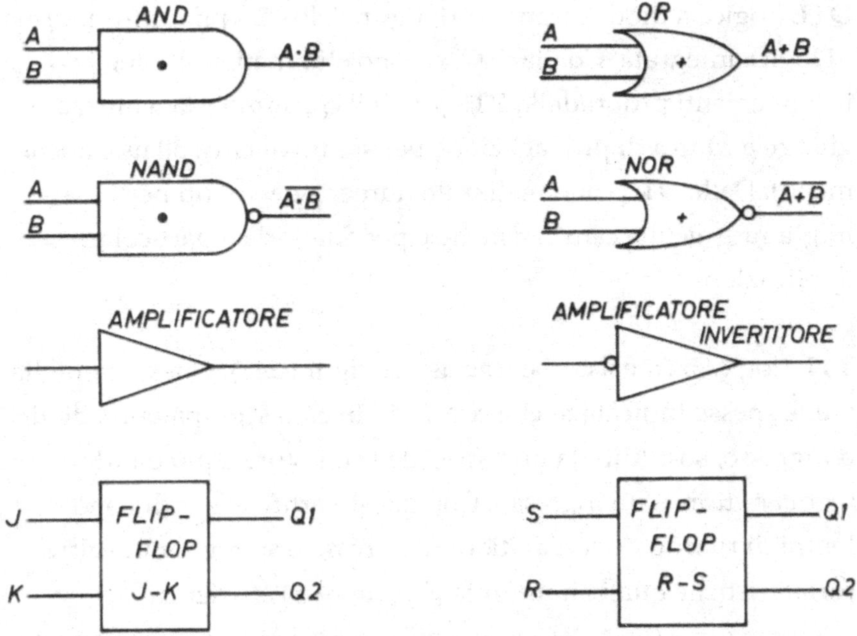


**Figura 23 - Simboli impiegati in circuiti logici**

In altre parole, le funzioni logiche viste in precedenza possono essere realizzate con diverse forme circuitali e i circuiti integrati sono stati classificati in famiglie ciascuna delle quali conserva in tutte le sue funzioni logiche quella particolare forma di circuito base.

Vediamo in dettaglio le quattro famiglie citate:

**RTL** (logica a resistori e transistori; figura 24a). È stata la prima forma circuitale ad essere integrata. Per lo più così venivano e vengono realizzati i circuiti digitali con componenti discreti. Oggi questa forma viene abbandonata perché presenta un elevato assorbimento di corrente, bassi tempi di commutazione e scarsa integrabilità (troppi resistori).

**DTL** (logica a diodi e transistori; figura 24b). La più diffusa forma di logica integrata. Con la DTL si sono eliminati molti degli inconvenienti propri della RTL, quali il consumo e la lentezza (si giunge a ritardi di propagazione per stadio di circa 30 ns e anche meno). Della DTL sono realizzate numerose varianti per migliorare alcune caratteristiche e per adattarla a particolari applicazioni.

**TTL** (logica a transistori e transistori; figura 24c). Questa famiglia viene spesso indicata anche con T2 L. In essa scompaiono i diodi d'ingresso, sostituiti da uno speciale transistore a più emittori. Ogni emittore è un ingresso. Con questo artificio si riducono i tempi di ritardo dovuti ai diodi d'ingresso e si migliorano altre caratteristiche quali l'immunità al rumore e l'efficienza d'integrazione (un transistore a più emittori occupa meno spazio dei corrispondenti diodi). La TTL sta affermandosi grazie alla sua elevata velocità di commutazione (da 15 a 5 ns di ritardo per stadio) e buona immunità al rumore: molti nuovi progetti ne prevedono largo impiego.

**ECL** (logica ad emittori collegati; figura 24d). È la forma circuitale più veloce, raggiungendo i 2 ns di ritardo alla propagazione per stadio (oltre 100 MHz). Di tutte le quattro famiglie citate, la ECL è l'unica «non saturata»: i suoi transistori cioè, non passano allo stato di saturazione e a ciò è dovuta l'alta velocità raggiunta. La ECL è quindi destinata ad impieghi in cui sia richiesta una velocità di commutazione eccezionale. Di contro questa configurazione presenta una bassa immunità al rumore (4 volte inferiore alla TTL) e quindi non è adatta ove questa caratteristica sia preminente.

**Figure 24 a) b) c) d) - Circuiti logici di base utilizzati nei circuiti integrati digitali**

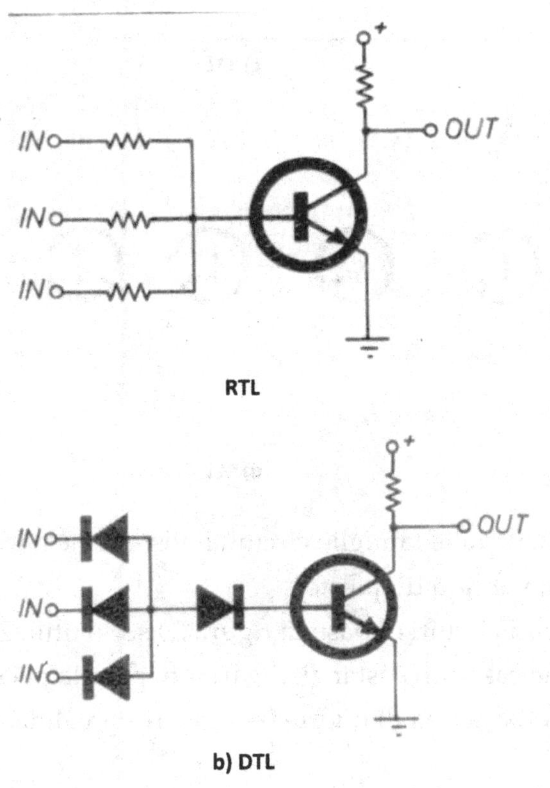

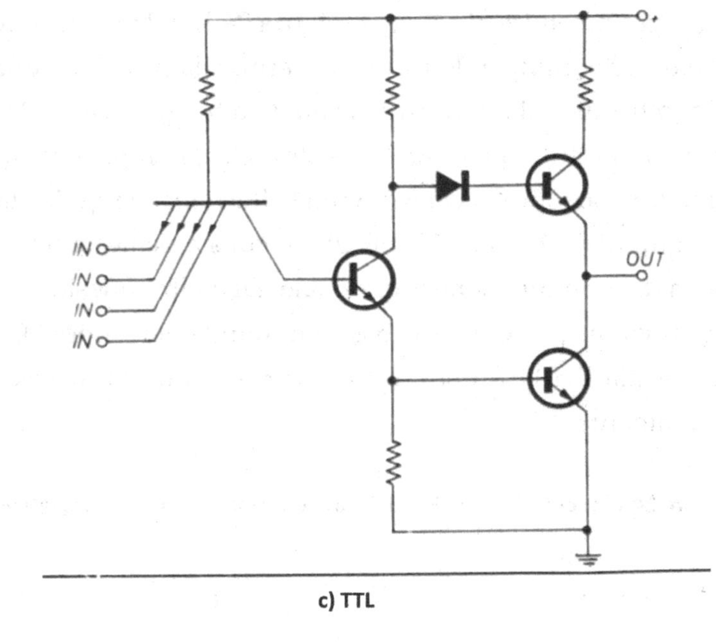


c) TTL

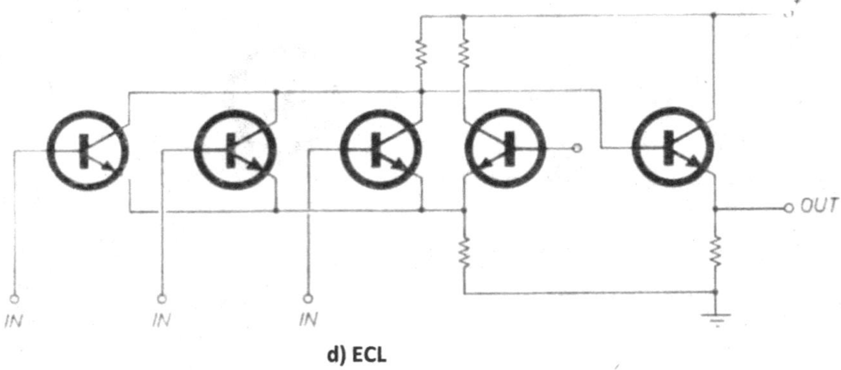


d) ECL

Naturalmente alle famiglie circuitali viste se ne aggiungono altre, per lo più varianti di queste.

Anche i circuiti di base di figura 24 sono utilizzati in pratica dalle varie case con sostanziali varianti, però la peculiarità di appartenenza a una di queste famiglie resta valida.

Ogni famiglia possiede tutti i circuiti logici necessari per la realizzazione di sistemi digitali; così con una configurazione circuitale, ad esempio TTL, avremo circuiti integrati AND, OR, NAND, NOR, flip-flop, expander, Schmitt trigger, ecc. e analogamente per le altre famiglie.

Questi cenni basteranno a chiarire come la tecnologia dei circuiti integrati sia di grande utilità nel settore digitale. Sempre più convenienti risultano poi in questo settore i circuiti integrati complessi contenenti ciascuno un grande numero di unità logiche elementari, come ad esempio 100 funzioni NAND o 40 flip-flop, o più ancora.

## *Circuiti integrati lineari*

Recentemente si è avuta una vera prolificazione di circuiti integrati lineari, realizzati dalle Case costruttrici per soddisfare svariate applicazioni.

Non si è ancora giunti a una standardizzazione dei circuiti lineari di più largo consumo e questo rende veramente ardua la scelta tra i vari tipi reperibili in commercio.

È prevedibile che questa difficoltà sia destinata a permanere data la impossibilità di catalogare ogni applicazione di tipo lineare schematizzandola in un numero limitato di casi. Più che una standardizzazione dal punto di vista circuitale, oggi si osserva un orientamento comune determinato dalla tecnologia di produzione.

Infatti, una buona economicità è raggiunta solo tenendo in conto il «modo» con cui questi circuiti debbono venire realizzati e deducendo conseguentemente lo schema elettrico. La tecnologia vuole, per esempio, massimo impiego di transistori planari al silicio NPN, eliminazione di capacità, riduzione e limitazione dei valori resistivi.

In più i componenti devono occupare la minima superficie possibile per dar luogo a massima economicità.

La complicazione circuitale tradizionalmente intesa non ha grande importanza, purché siano rispettati i punti detti.

Dapprima si sono prodotti circuiti lineari integrati convertendo i circuiti largamente impiegati nell'industria quali gli amplificatori operazionali, ma poi, vistane la possibilità, si sono introdotti sul mercato altri circuiti lineari per svariati usi, quali amplificatori d'alta frequenza, amplificatori audio, regolatori di tensione ecc.

Nel campo della radio-televisione e di tutte le apparecchiature commerciali è prevalente su ogni altra considerazione il fattore economico. Anche questo punto viene oggi superato grazie alla riduzione dei costi di produzione e all'aumento di complessità del singolo c.i. È chiaro, infatti, che maggiore è il numero di componenti discreti sostituibili e maggiore ne. risulta il vantaggio economico, a pari prezzo per c.i.

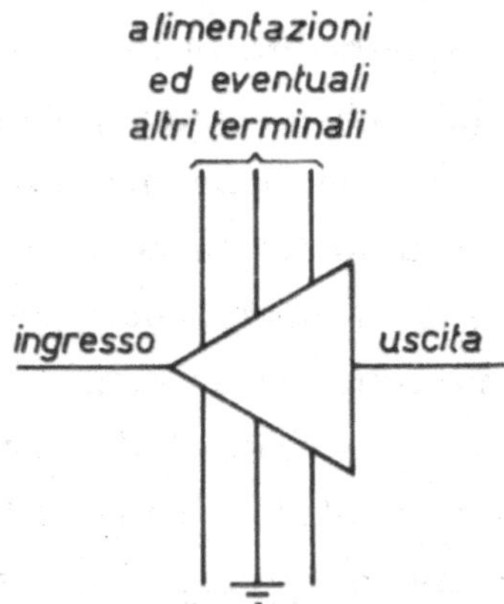


**Figura 25 - Circuito integrato lineare. Simbolo elettrico**

Il c.i. lineare è da considerarsi come un nuovo componente elettronico, capace di svolgere la funzione di più componenti tradizionali, secondo uno schema elettrico interno che generalmente non è convenzionale.

È opportuno che il tecnico veda questi circuiti integrati come fossero «componenti» e si basi per le sue progettazioni unicamente sulle caratteristiche esterne fornite dal costruttore, senza addentrarsi in considerazioni sulla costituzione del circuito interno.

Si dispone, cioè, di vere e proprie «scatole nere» da scegliersi e impiegarsi a seconda della funzione che esplicano.

Qui noi considereremo anche il circuito interno, in quanto con ciò meglio si comprende come nascano certe caratteristiche esterne. Per il progettista circuitale comunque sarà sufficiente conoscere le caratteristiche di un c.i. inteso come un componente il cui simbolo è quello indicato in figura 25.

Tali caratteristiche potranno essere ad esempio, il guadagno in tensione, la larghezza di banda, la o le tensioni d'alimentazione, correnti assorbite, dissipazione, rumore, ecc.

Per avere un'idea della complessità e non convenzionalità dello schema elettrico interno di un c.i. lineare, si osservi la figura 26 che riporta lo schema dell'amplificatore operazionale LM-101 prodotto dalla National Semiconductor Corp.

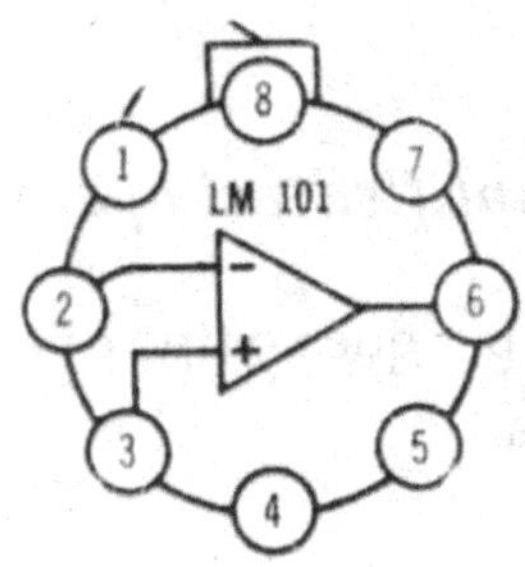

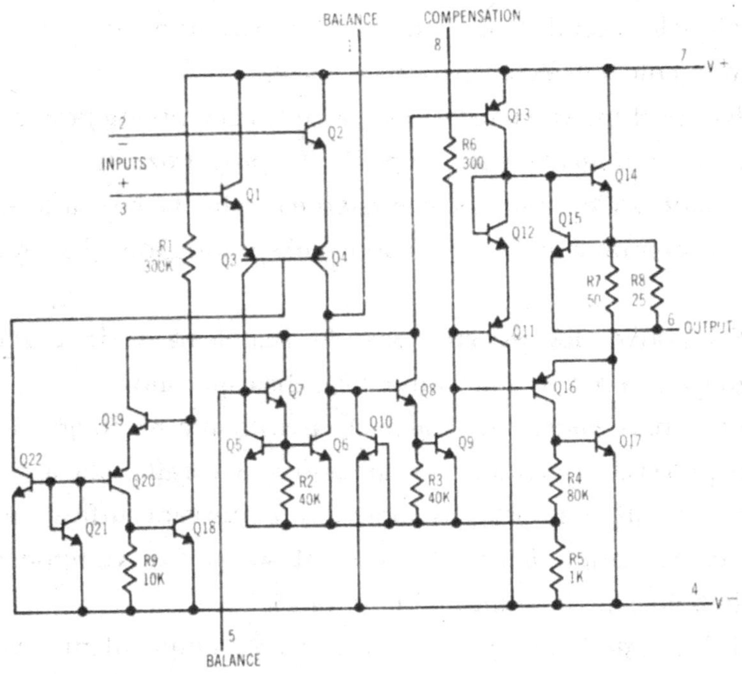


**Figura 26 - Amplificatore operazionale LM 101. Guadagno in tensione 100 dB (National semiconductor corp.)**

Le sue buone prestazioni sono ottenute grazie all'impiego di un gran numero di transistori e di componenti non noti quale un doppio transistore PNP, detto «laterale» (Q3-Q4). Vediamo in dettaglio i diversi c.i. lineari divisi per applicazione.

## *Amplificatori operazionali*

Come già accennato, per questo tipo di applicazione sono stati ideati i primi c.i. lineari.

Numerosi sono ormai i tipi prodotti; l'unità LM-101 vista prima ne è un recente esempio.

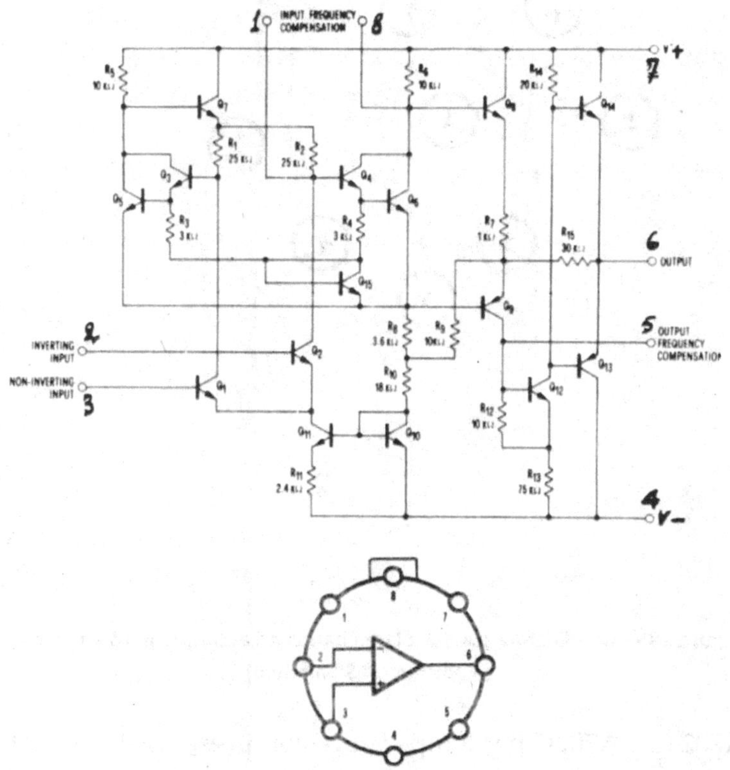


**Figura 27 - Amplificatore operazionale µA709 con prestazioni elevate (SGS Fairchild)**

L'unità µA709 (o µA709 709C per temperature comprese tra 0°C e 70°C), figura 27, ideata e prodotta dalla Fairchild, rappresenta un classico del settore: accettato da molti utilizzatori, questo c.i. viene prodotto da numerose altre Case.

Il µA709 presenta un elevatissimo guadagno in tensione (45.000 tipico) unito a una buona stabilità termica.

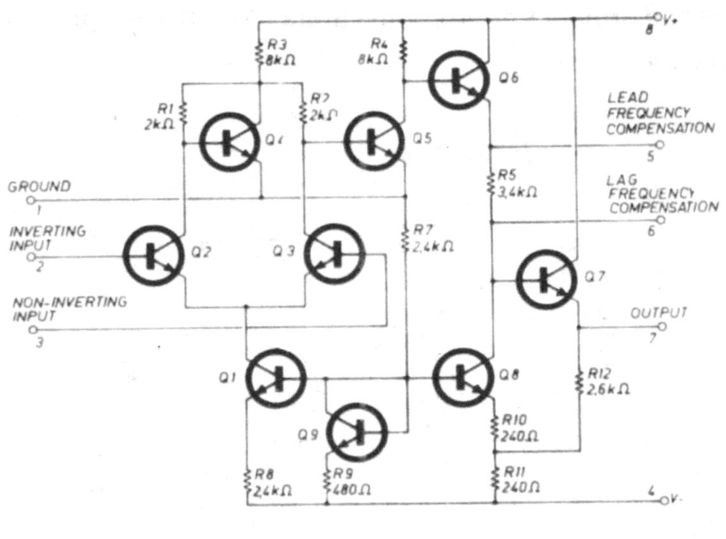

**Figure 28 - Amplificatore µA702 a larga banda ad accoppiamento in corrente continua(SGS-Fairchild)**

Il µA702 (o µA702C per temperature comprese tra 0°C e 70°C) il cui schema è riportato in figura 28, è considerabile come amplificatore operazionale a basso guadagno (3.600 tipico) e come amplificatore a larga banda (fino a 30 MHz) accoppiato in corrente continua.

Parametri tipici per la valutazione tecnica di amplificatori operazionali sono:

Guadagno ad anello aperto (open loop voltage gain): rapporto tra la variazione della tensione d'uscita e quella d'ingresso che l'ha provocata.

Tensione di compensazione d'ingresso (input offset voltage): quella tensione che deve essere applicata ai terminali d'ingresso per ottenere tensione nulla d'uscita.

Corrente di compensazione d'ingresso (input offset current): quella differenza tra le correnti d'ingresso che produce tensione nulla d'uscita.

Tensioni d'ingresso in modo comune (input common mode range): gamma di tensione d'ingresso al di fuori della quale l'amplificatore opera in maniera imprevedibile.

Rapporto di reiezione d'ingresso in modo comune (input common mode rejection ratio). Questo parametro si ottiene dividendo la tensione d'uscita per la tensione d'ingresso in modo comune che l'ha provocata, e quindi dividendo il tutto per il guadagno in tensione ad anello aperto.

Si hanno poi altri numerosi parametri che devono essere tenuti in considerazione nelle applicazioni, quali la dissipazione totale, la corrente assorbita, la larghezza di banda, la gamma di temperature d'impiego, la resistenza d'ingresso e d'uscita. Il c.i. lineare μA709C riportato in figura 27 possiede, ad esempio, le seguenti caratteristiche:

| μA709C | |
|---|---|
| Tensione d'alimentazione max | ±18 V |
| Dissipazione totale a 70 °C | 250 mW |
| Tensione d'ingresso max | ±10 V |
| Temperatura di funzionamento | 0 °C ÷ 70 °C |
| Guadagno ad anello aperto (tipico) | 45.000 |
| Tensione d'ingresso in modo comune | ±10 V |
| Rapporto di reiezione d'ingresso in modo comune | 90 dB |
| Tensione di compensazione d'ingresso | 2 mV |
| Corrente di compensazione d'ingresso | 100 nA |

# *Amplificatori audio*

Si trovano in commercio diverse versioni di amplificatori audio in forma integrata. Tutti accoppiati in corrente continua per le naturali esigenze della tecnologia, presentano caratteristiche molto variabili da tipo a tipo.

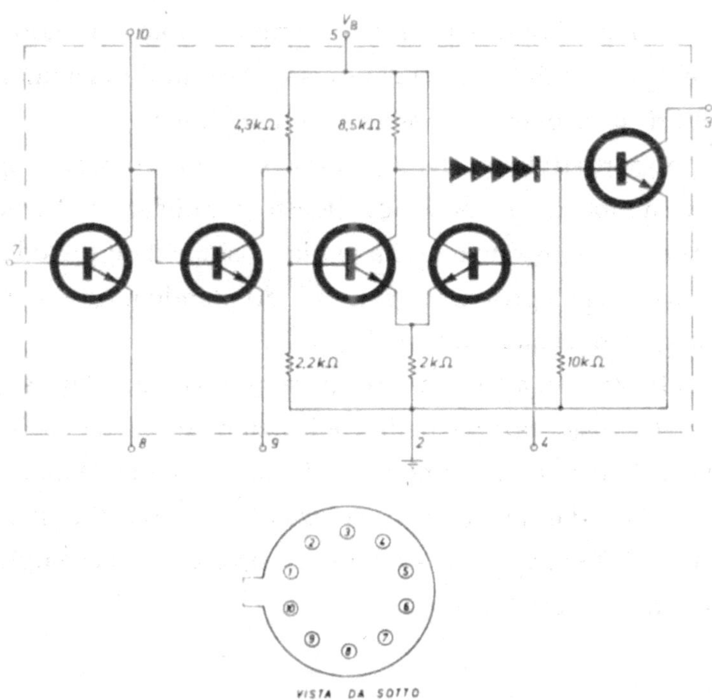


**Figura 29 - Preamplificatore audi TAA310 (Philips)**

In figura 29 è riportato lo schema del preamplificatore integrato tipo TAA310 della Philips e le sue caratteristiche tecniche.

La figura 30 riporta lo schema dell'amplificatore integrato μA716C (SGS-Fairchild) dalle elevate prestazioni. μA716C è previsto per applicazioni in telefonia come amplificatore di canale o come amplificatore d'uso generale. A questi due esempi se ne aggiungono molti altri tipi che non è possibile qui riportare avendo essi raggiunto ormai un numero notevole. Vedremo nelle applicazioni, alla fine di questo paragrafo, l'impiego pratico di altri tipi.

Per quanto riguarda amplificatori audio di potenza integrati c'è da dire che si trovano in commercio tipi completi con potenze d'uscita fino a 1 watt (Philips tipo TAA300 ecc.) e che la tecnologia consente ormai potenze anche superiori.

Il tipo Motorola MC1554G, ad esempio, possiede una potenza max d'uscita intrinseca di 3 watt, limitata a valori inferiori solo per esigenze d'involucro. È quindi prevedibile che anche nel senso della potenza vi sarà un notevole sviluppo in un futuro abbastanza prossimo.

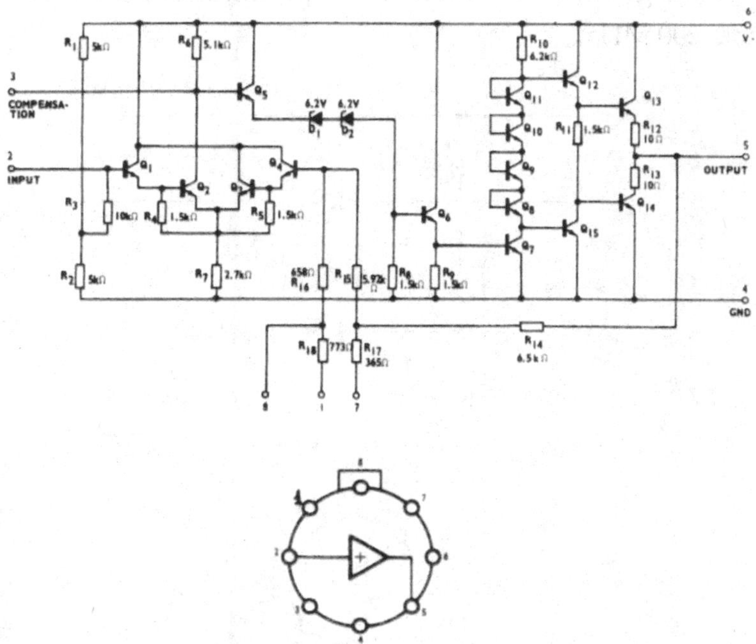


**Figura 30 - Amplificatore audio µA716 a bassa distorsione, guadagno fisso e media potenza. Distorsione totale 0,3% e guadagno in tensione 200 (SGS-Fairchild)**

I parametri che definiscono un c.i. lineare di tipo audio sono quelli propri dei tradizionali amplificatori audio a componenti discreti: guadagno, larghezza di banda, distorsione armonica, impedenza d'uscita e d'ingresso, potenza d'uscita. rumore, ecc.

## *Amplificatori ad alta frequenza*

Al crescere della frequenza le capacità parassite dovute alle giunzioni d'isolamento di un c.i. diventano molto importanti e ne delimitano il funzionamento.

Lo studio accurato della geometria per ridurre quest'effetto è quindi fondamentale nella produzione di amplificatori ad alta frequenza integrati. Sono di normale produzione amplificatori video integrati e ogni altra sorta di amplificatori per frequenze fino a 200 MHz.

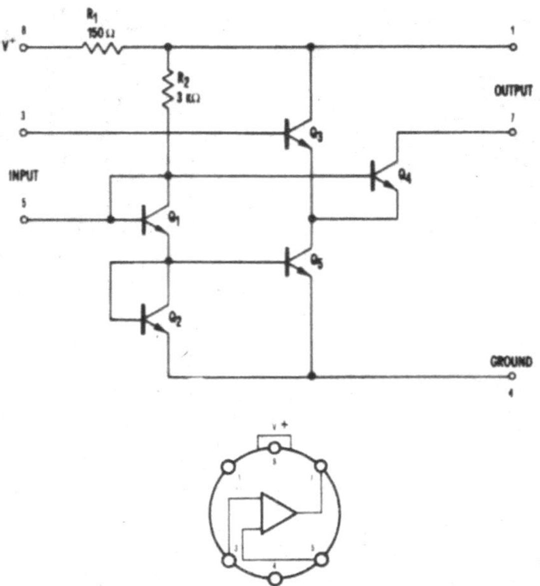


**Figura 31 - Amplificatore RF-IF. pA 703. Per impieghi come miscelatore, oscillatore fino a 150 MHz e amplificatore RF (SGS-Fairchild).**

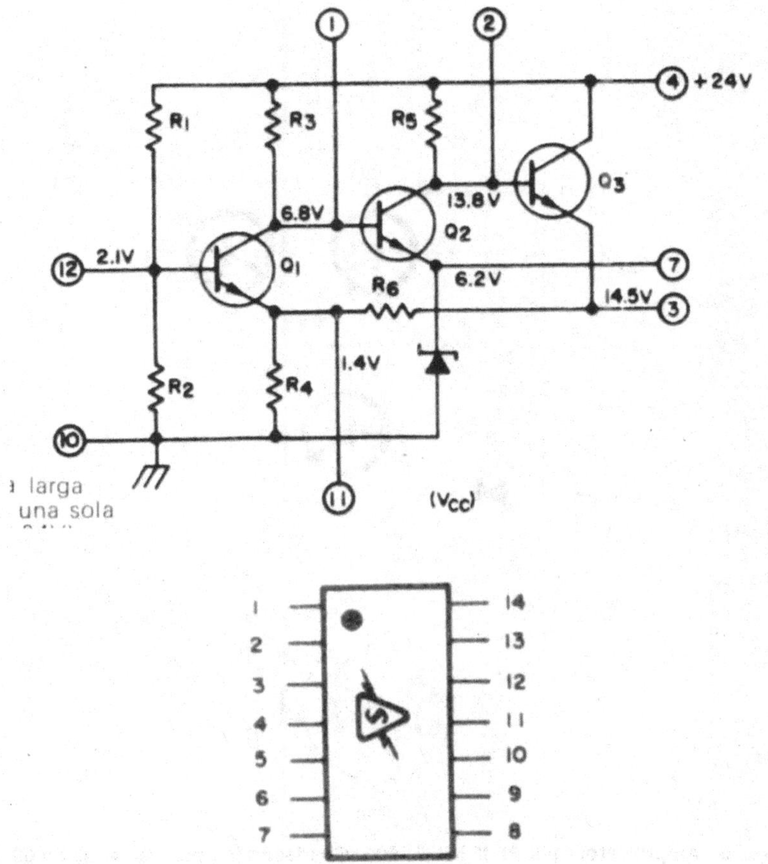


**Figura 32 - Amplificatore a larga banda SA 20. Funziona con una sola tensione d"alimentazione (+24V). Offre un guadagno utilizzabile fino a 100 MHz (Sylvania)**

Le figure 31, 32 e 33 riportano tre tipici esempi di amplificatori a frequenze elevate impiegabili in molte applicazioni.

Si tende a realizzare in forma integrata numerosi stadi completi di circuiti per televisione sia in bianco e nero, sia a colori allo scopo di semplificarne il montaggio e ridurne il costo. Anche questo tipo di c.i. lineare è definito dai parametri propri dei circuiti che realizza come larghezza di banda, guadagno, ecc.

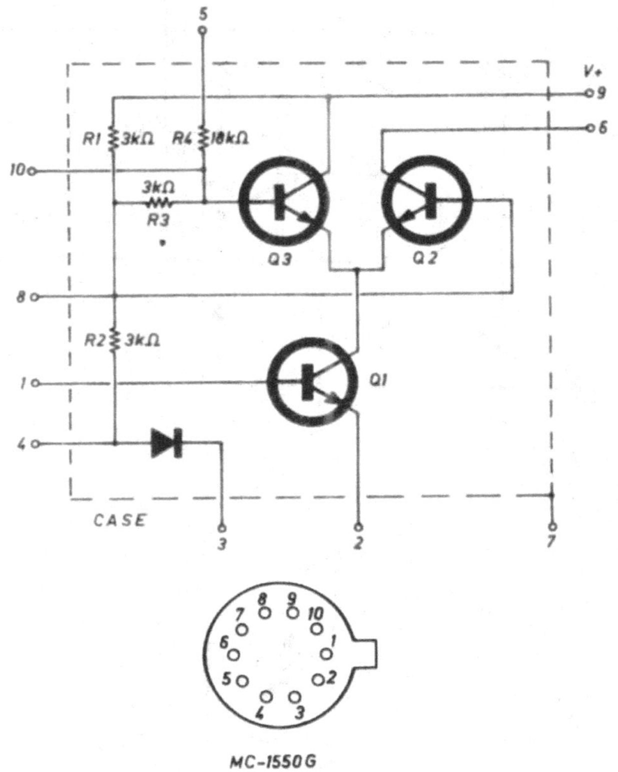


**Figura 33 - Amplificatore per RF-IF MC-1550G. Guadagno in potenza= =30dB a 60 MHz. Rumore=5dB a 60 MHz (Motorola)**

## *Alcuni schemi d'impiego di c.i. lineari*

Nelle pagine che seguono sono riportati alcuni esempi per applicazioni di c.i. lineari consigliati dalle case produttrici. Questi pochi schemi varranno a dare un'idea di quanto sia ampia la possibilità d'applicazione dei c.i. lineari.

Gli involucri più comunemente usati sono il T05 a più terminali, il Dual-In-Line e il Flat-Pack, visti in figura 22 del paragrafo precedente. Per quello che riguarda la numerazione dei terminali riportata nelle applicazioni qui indicate, ci si riferisce alla numerazione data dalle stesse Case costruttrici.

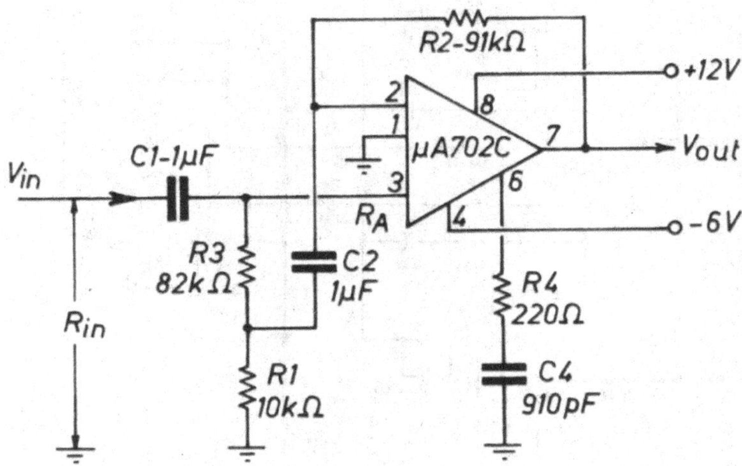


**Figura 34 - Amplificatore ad elevata impedenza d'ingresso per corrente alternata (SGS-Fairchild)**

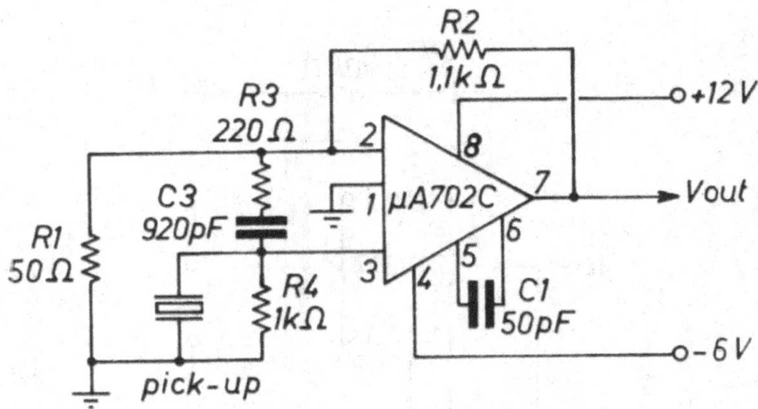


**Figura 35 - Preamplificatore per registratore video.SGS-Fairchild)**

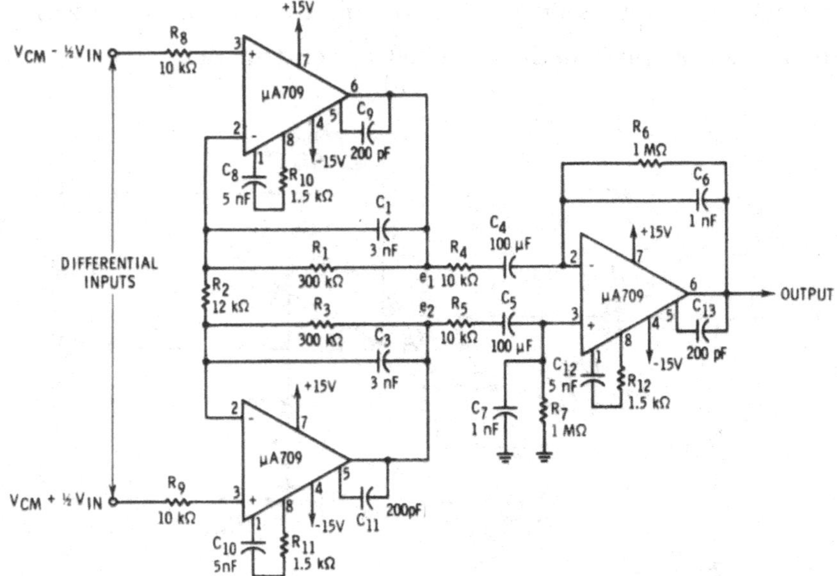


**Figura 36 - Preamplificatore per elettro-cardiografo.(SGS-Fairchild)**

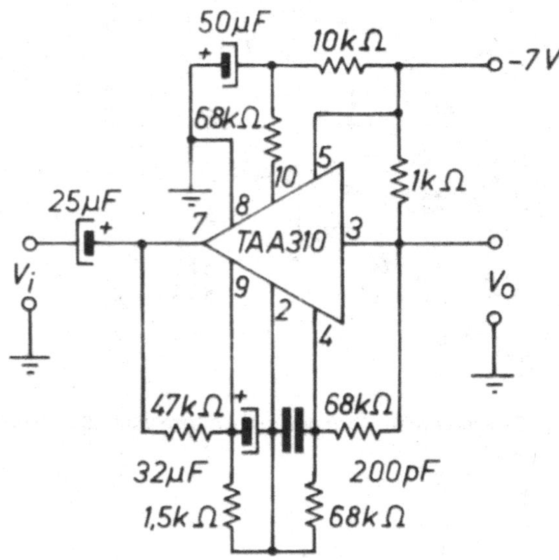


**Figura 37 - Preamplificatore BF, (Philips)**

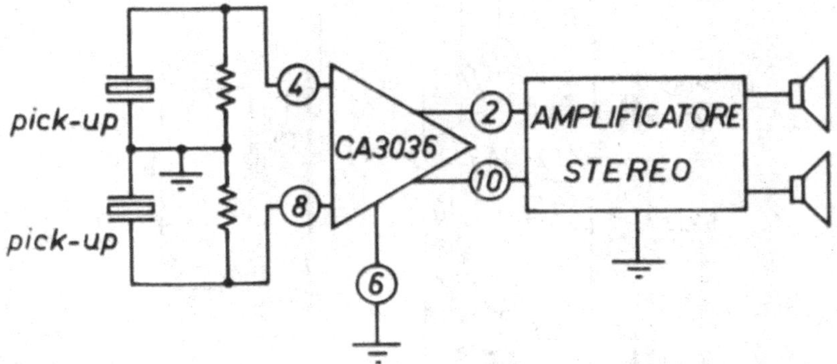


**Figura 38 - Applicazione del preamplificatore integrato stereofonico CA3036 (RCA)**

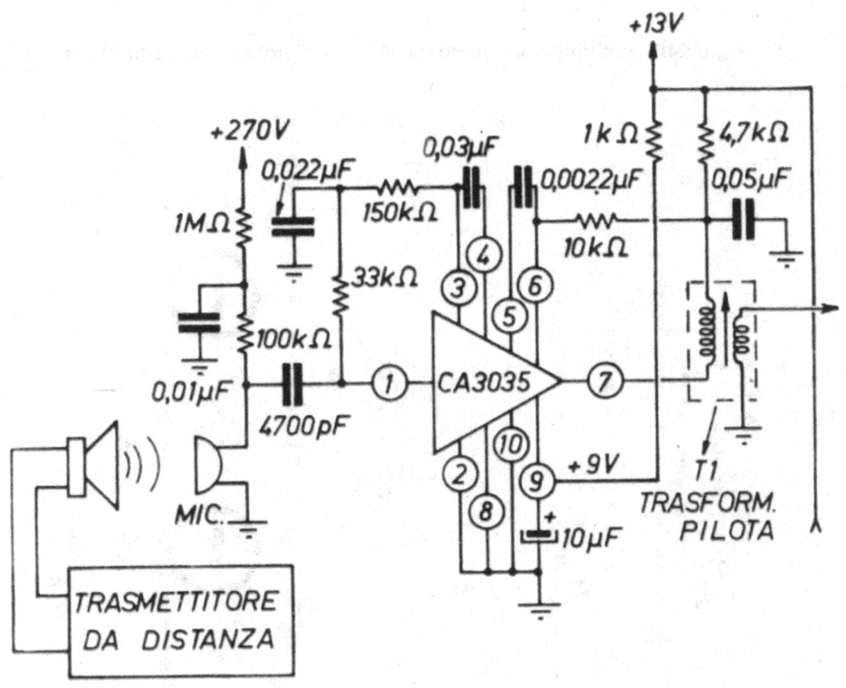


**Figura 39 - Controllo a distanza per TV (RCA).**

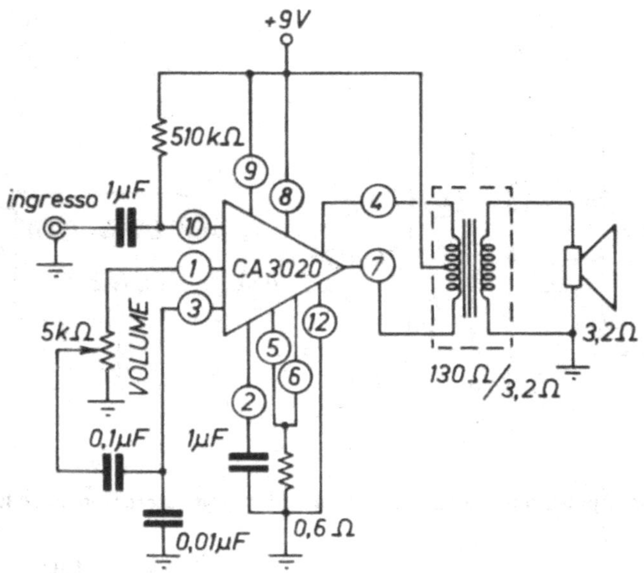


**Figura 40 - Amplificatore audio da 545 mW di potenza d'uscita (RCA)**

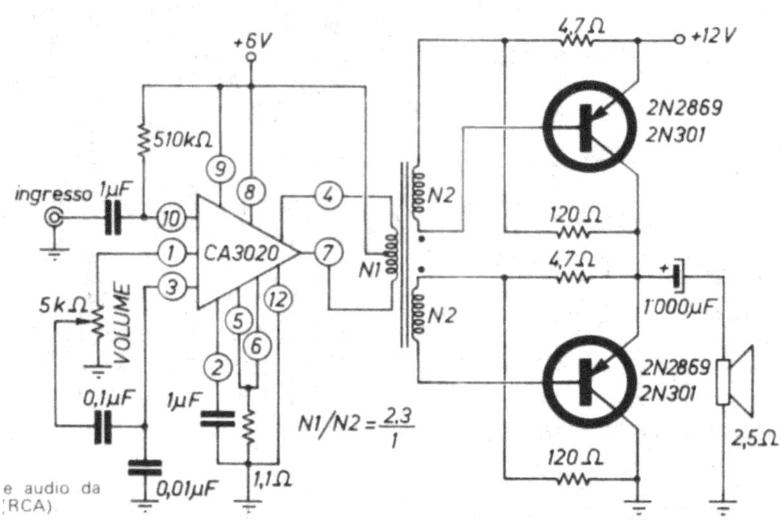


**Figura 41 - Amplificatore audio da 7 W di potenza d'uscita (RCA)**

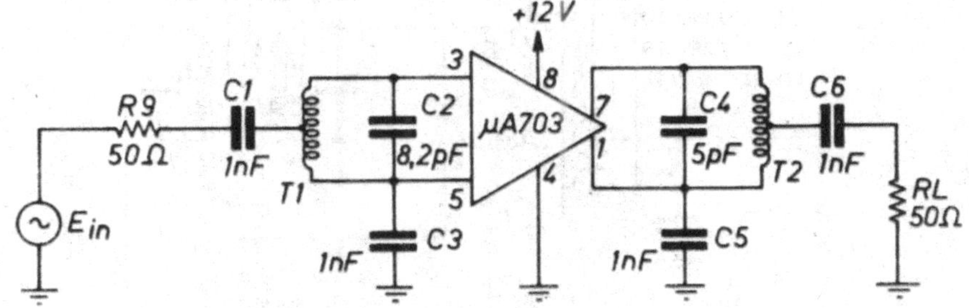


**Figura 42 - Amplificatore a 200 MHz (Fairchild).**

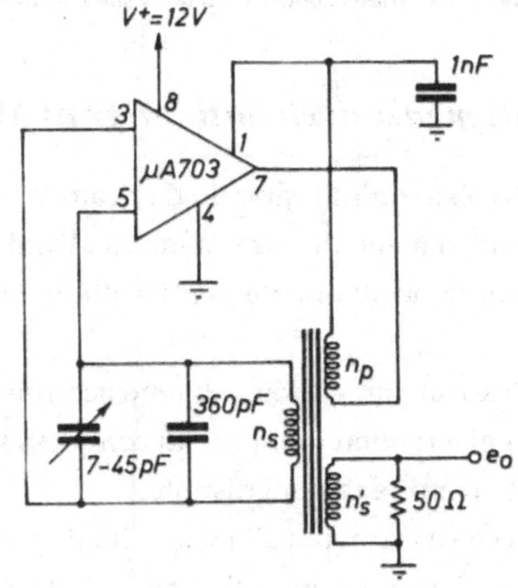


**Figura 43 - Oscillatore a 10 MHz (Fairchild).**

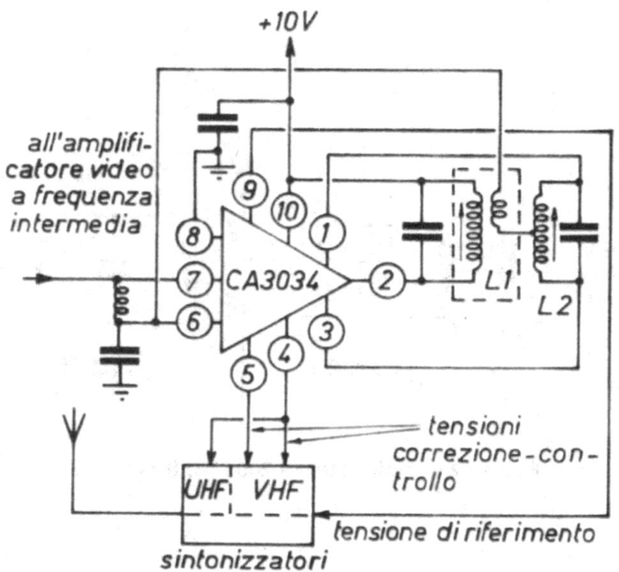


**Figura 44 - Applicazione come AFC in televisione a colori (RCA)**

## *Orientamenti moderni: circuiti integrati M.S.I. e L.S.I.*

Nel concludere questo quinto capitolo dedicato ai circuiti integrati non potssiamo fare a meno di soffermarci su alcuni recenti indirizzi per osservarne gli orientamenti e quindi i prevedibili risultati futuri.

Nella premessa al paragrafo I abbiamo accennato al fatto di come si tenda oggi a rendere sempre più complesso il singolo circuito integrato per due ragioni distinte.

La prima, tecnica, è dovuta alla necessità di ridurre il numero dei componenti utilizzati nei grandi sistemi elettronici per aumentarne il grado d'affidamento. La seconda, economica, è originata dalla richiesta di un maggior numero di funzioni elettroniche a pari prezzo. Queste due esigenze possono essere soddisfatte insieme riunendo in un unico elemento semiconduttore il massimo numero possibile di funzioni elettroniche e quindi di componenti.

Naturale a questo punto la domanda seguente: quale è il limite di circuiti (o numero di componenti) integrabili monoliticamente? A questa domanda possiamo rispondere che attualmente tale limite è raggiunto dai circuiti integrati a media scala (M.S.I. = medium scale integration) con alcune centinaia di componenti integrati in un unico elemento semiconduttore. Ma questo limite attuale è però ampiamente superato dai programmi di produzione dei circuiti integrati a larga scala (L.S.I. = large scale integration) per i quali sono previste integrazioni equivalenti a migliaia di componenti discreti per singolo elemento semiconduttore.

L'integrazione circuitale monolitica è indirizzata dunque verso un enorme ampliamento del numero di funzioni per singolo dispositivo e ciò a beneficio della qualità e dei costi. Vediamo in dettaglio sia i M.S.I. sia i L.S.I.

### *M.S.I.*

Con M.S.I. (o «array») s'intendono quei c.i. realizzati con la tecnologia descritta nel paragrafo 5 di questo capitolo, ma con il massimo numero di componenti possibili a quella tecnologia. In pratica la superficie di silicio occupata dal singolo circuito è aumentata al massimo, pur restando inteso che da ogni dischetto o fetta di silicio di partenza si ricavano diverse M.S.I. (non più centinaia di c.i. ma pur sempre decine di M.S.I.).

Questo è possibile riducendo le imperfezioni del monocristallo in modo tale che su ogni fetta di silicio siano pochi i circuiti da scartare.

Non è possibile arrivare a coprire con un unico c.i. l'intera superficie della fetta in quanto anche una sola imperfezione (e alcune sono sempre presenti) basterebbe a provocare lo scarto dell'intero circuito.

In figura 46 è riportata la foto di una decade integrata M.S.1. equivalente a 116 componenti discreti oppure a 5 c.i. tradizionali: se ne noti la notevole complessità.

Altri circuiti integrati M.S.I. sono attualmente in commercio (tutti per applicazioni digitali) e molti, ora allo stadio di sviluppo tecnico, saranno disponibili in breve tempo.

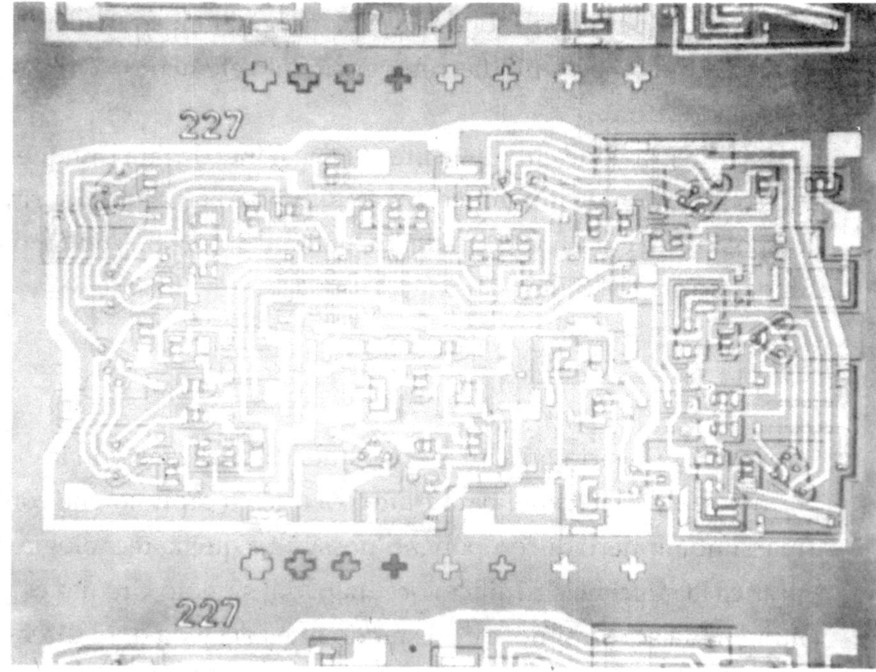


**Figura 46 - Circuito integrato MSI. Contiene 116 componenti discreti ed equivale a 40 funzioni logiche elementari (Decade Frequency Divider SM90-Sylvania)**

Per quanto riguarda le applicazioni lineari, si stanno approntando M.S.I. contenenti più amplificatori (ad esempio 2, 4, 8 amplificatori operazionali per dispositivo), ma la complessità circuitale accompagnata da ricettività dei circuiti base resta prerogativa delle applicazioni digitali per cui a queste applicazioni ci si riferisce prevalentemente quando si parla cii aumentare di molto la complessità del singolo dispositivo.

### *L.S.I*

Con la L.S.I. si raggiunge il limite tecnologico della complessità possibile per dispositivo.

Per comprendere quali difficoltà devono essere superate nella realizzazione di c.i. tanto complessi, occorre ricordare come normalmente vi sia un discreto numero di scarti nella produzione di c.i.

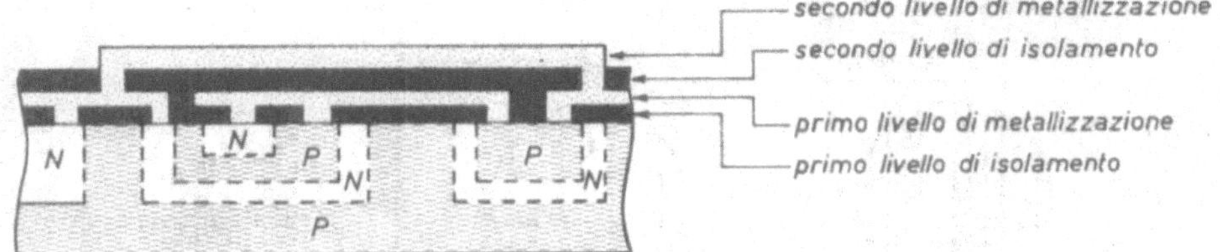


**Figura 47 - Porzione sezionata C.I.-L.S.I per mostrare il doppio livello di metallizzazione**

Questi sono dovuti in parte alle imperfezioni del cristallo di partenza e in parte ai vari processi di produzione.

Orbene, aumentando la complessità del circuito, aumenta anche la superficie di silicio occupata da un singolo dispositivo, al limite si arriva con la L.S.I. a occupare tutta la fetta di silicio di partenza.

Poiché sono sempre presenti un certo numero di imperfezioni per fetta di silicio è teoricamente impossibile produrre un singolo c.i. delle dimensioni di una fetta che sia anche funzionante. Per di più, le interconnessioni metalliche tra i vari componenti non possono essere realizzate con una sola metallizzazione (come visto al paragrafo

5) in quanto certamente vi sarebbero molti incroci. Occorrono perciò più livelli di metallizzazione (vedi figura 47).

Queste due difficoltà, gli scarti e i più livelli di metallizzazione, sono gli ostacoli alla L.S.I. il cui superamento sul piano industriale non è ancora oggi fatto completamente compiuto (in laboratorio si sono prodotti L.S.I. estremamente complessi).

La figura 48 mostra il confronto tra i livelli d'integrazione (c.i. tradizionali, M.S.I. e L.S.I.) visti sulla fetta di silicio di partenza.

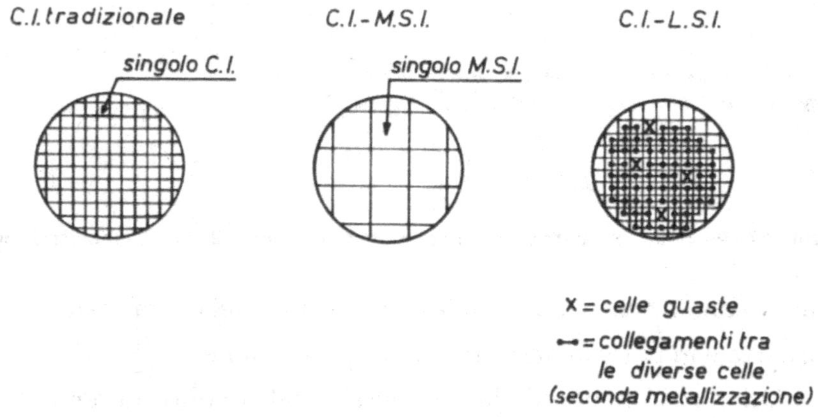


tre

FETTE DI SILICIO DI PARTENZA

**Figura 48 - Confronto tra i tre livelli d'integrazione**

Mentre la M.S.I. è una estensione del c.i. tradizionale, la L.S.I. richiede una complessa interconnessione che eviti quei punti (celle elementari) che risultano non funzionanti.

Occorre quindi provare elettricamente ciascuna cella elementare, preparare delle maschere che prevedano il collegamento tra sole celle buone ed effettuare la conseguente deposizione del film d'alluminio che le collega.

Poichè per ogni fetta di silicio la disposizione delle celle guaste cambia (essendo casuale la loro posizione), occorre per ogni singolo dispositivo un processo di produzione diverso. Si supera questa difficoltà con una tecnica detta «discretionary wiring» (ossia «collegamento discrezionale») basato sull'impiego di un calcolatore elettronico che memorizza le informazioni relative alla disposizione delle celle guaste, elabora i dati e fornisce all'uscita quasi istantaneamente la configurazione degli schermi necessari per l'interconnessione. La produzione di L.S.I. richiede perciò l'impiego di calcolatori elettronici.

Attualmente vengono date due definizioni per creare una separazione tra L.S.I. e c.i. tradizionali. Si considera un circuito integrato monolitico come L.S.I. se la sua complessità supera le 100 funzioni logiche per dispositivo (definizione basata sulla complessità circuitale). Taluni definiscono L.S.I. quel c.i. che richiede più di un livello di metallizzazione per le interconnessioni (definizione tecnologica).

Tutte e due queste definizioni portano comunque ad unità molto complesse.

I dispositivi L.S.I. saranno prevedibilmente destinati all'impiego come completi sottosistemi di calcolatori elettronici però, come sempre accade nella tecnica, non è escluso che questa tecnologia, una volta perfezionata e resa economica, porti alla realizzazione di dispositivi adatti per applicazioni in altri settori, per ora non ancora prevedibili.

■■■■■■■■■■■■■■■■■■■■■■■■■■■■■■■■■■■■■■■■■■■■■■■■■■■■■■■■■■■■

## Nota Finale

**Se vi è piaciuto, date un'occhiata agli altri libri dello stesso autore e sarà molto gradito un vostro cortese commento.**

**Grazie.**

**Elenco libri di Ettore Accenti: https://amzn.to/35xVGjR**

■■■■■■■■■■■■■■■■■■■■■■■■■■■■■■■■■■■■■■■■■■■■■■■■■■■■■■■■■■■■

www.ingramcontent.com/pod-product-compliance
Lightning Source LLC
LaVergne TN
LVHW030216230826
846093LV00010B/478
*9798838173379*